别抱怨，比你优秀的人还比你努力

蒋光宇——著

H.P.H
哈尔滨出版社
HARBIN PUBLISHING HOUSE

图书在版编目 (CIP) 数据

别抱怨，比你优秀的人还比你努力 / 蒋光宇著 . —
哈尔滨：哈尔滨出版社，2019.11
ISBN 978-7-5484-3363-7

Ⅰ. ①别…　Ⅱ. ①蒋…　Ⅲ. ①成功心理 – 通俗读物
Ⅳ. ①B848.4-49

中国版本图书馆 CIP 数据核字（2019）第 030475 号

书　　名：别抱怨，比你优秀的人还比你努力
BIE BAOYUAN, BI NI YOUXIU DE REN HAI BI NI NULI

作　　者：蒋光宇　著
责任编辑：赵　芳　马丽颖
责任审校：李　战
封面设计：象上品牌设计

出版发行：哈尔滨出版社（Harbin Publishing House）
社　　址：哈尔滨市松北区世坤路 738 号 9 号楼　　邮编：150028
经　　销：全国新华书店
印　　刷：河北鸿祥信彩印刷有限公司
网　　址：www.hrbcbs.com　　www.mifengniao.com
E – mail：hrbcbs@yeah.net
编辑版权热线：（0451）87900271　87900272
销售热线：（0451）87900202　87900203
邮购热线：4006900345　（0451）87900256

开　　本：787mm × 1092mm　1/32　印张：8　字数：230 千字
版　　次：2019 年 11 月第 1 版
印　　次：2019 年 11 月第 1 次印刷
书　　号：ISBN 978-7-5484-3363-7
定　　价：39.80 元

凡购本社图书发现印装错误，请与本社印制部联系调换。服务热线：（0451）87900278

目 录

第一章 参悟商道玄机，让你赢得财富

35个紧急电话 002

波音公司化祸为福 004

营造购销氛围 005

激发潜能 006

明星名牌共生辉 008

管理的一个高招 009

按原价1/10的价格卖钢琴 011

重金聘丑女 012

变“要人做”为“人要做” 013

面对叫价百万的人才 015

得人心者得市场 018

花卉市场的风波 019

“品尝定律” 021

条条道路通致富 022

用征婚和枪击促畅销 023

眼光决定成败 025

小礼品胜过大彩电 026
3个用数字概括的理论 027
细节的魅力 029
76台不合格的电冰箱 031
“尿布风波” 032
妙用战火中的机遇 034
亚菲反思 036
避开热点觅良机 037
把专利卖给布什 039
五百强中看小事 042
谢绝基辛格的酒吧 044
戴尔交钥匙 045
好心10个字，狂赔500亿 046
管理之大忌 048
招来机群的客机 049
奔驰的魅力 051

创新也须小心 052
银塔餐厅 054
共赢街 056

第二章

关注员工，是他们在创造财富

生产名牌与培养员工 060
工人手中的“粉笔” 061
“管理错误的定律” 062
犒赏员工的礼物 064
请把玻璃窗擦干净 065
罐头公司的魅力 067
管理者的本领 069
“罗森·布鲁斯定理” 070
3小时3天筹集300万 072
爆炸事故之后 074

第36号方案 075
最了不起的人 077
没有无用的人 079
赞赏下属的成绩 080
我帮你请好医生 082
改善提案活动 084
不要忘了员工 086

第三章

把握成功的法则

经营奥运会之星 090
妙用失误 092
从小职员到大老板 094
1枚邮票和1张旧钞 095
失败像一座学府 097
机遇有些像桃花 098

"推销之神"的批评会 100
用比自己更优秀的人 102
善用短变长 104
请总统夫人撰稿 105
思路就是出路 106
把梳子卖给和尚 108
把斧子卖给总统 110
敲开关闭的招聘之门 112
最有价值的一句话 113
挑战命运的赠言 115
真名被淡忘的小职员 117
无处无时无人不能创新 118
提高效率的一个重要方法 119
比3个商人更精明的专家 121
把英语辞典卖给农夫 123
跑道上的企业文化 124

综合就是创造 126
“红苹果效应” 128
责任感创造奇迹 129
授权断想 131
“豆芽王理论” 132
一生汗水的凝练 134
安逸与压力 135
反败为胜的殿堂 137
学会合作 139
每天进步一点儿 140
上进心是最大的资产 142
52航班 143
想到就能做到 145
成功不能照搬 147
成功问答录 149
成功的第一把钥匙 150

做最好的自己 152
不必太在意别人的议论 154
掌握万能钥匙的人 156
创建坦普尔之魂 158
请她到白宫工作 159
瑞典变富靠人才 161
被告席上创商机 162
最有效的教育方法 164
化危机为良机 166
神州遍落“肯德基” 168
诚实的意外收获 170
百年经典两小事 171
马莉超短裙 173
尽力而为还不够 174
成功的道路是目标铺出来的 176

第四章

用智慧为财富开路

富豪只借1美元 180

点滴毫厘出巨富 181

妇女服装业的牛顿 182

美丽牌的美丽 184

小事中的大差距 186

妙用广告 189

用智慧为财富开路 190

最有价值的财富 192

不值钱中有商机 194

小服务与大生意 196

巨富与金钱 197

鸽群是飞来的机遇 199

万副手套“蒙混过关” 200

两个字救活一个药厂 202

不用过分包装 203

帮人藏丑 204

拍卖小提琴 206

靠智慧开路的人 208

1个孔和1毫米 209

高空投表闯市场 210

两幅不凡的广告 211

让广告上路上山 213

在人造卫星上做广告 215

精心策划庆百年 216

有阳光就够了 217

背运的宝石不如草 219

思考致富 221

U形决策法 222

发现财富的眼光 223

祖传的财富公式 226

能力与价值的证明 227

微笑可以换取黄金 229

沉默有时是智慧 232
最新鲜的面包 233
用1枚废旧铆钉被罚1亿美元 235
用劫机创造商机 237
犹太画家考日本商人 238
吃剩牛排之后 239

第一章

参悟商道玄机，让你赢得财富

我们常常左右不了外部世界，但是，我们可以把握自己的心态。把握了自己的心态，也就拥有了美丽、安宁、充满希望的精神世界。

35个紧急电话

那是在日本东京奥达克余百货公司的一天下午，售货员彬彬有礼地接待了一位来买唱机的女顾客。售货员为她挑了一台未启封的索尼牌唱机。事后，售货员清理商品时发现，原来错将一个空心唱机货样卖给了那位美国女顾客。于是，她立即向公司警卫报告。警卫四处寻找那位女顾客，但不见她的踪影。经理接到报告后，觉得事关顾客利益和公司信誉，非同小可，马上召集有关人员研究。当时只知道那位女顾客叫基泰丝，是一名美国记者，还有她留下的一张美国快递公司的名片。据此仅有的线索，奥达克余公司公关部连夜开始了一连串接近于大海捞针的寻找。一连打了32个紧急电话，找东京各大宾馆查询，毫无结果。后来又打了国际长途，找纽约的美国快递公司总部查询，深夜接到回话，得知基泰丝父母在美国的电话号码。接着，又给美国挂国际长途，找到了基泰丝的父母，进而打听到基泰丝在东京的住址和电话号码。几个人忙了一夜，总共打了35个紧急电话。

第二天一早，奥达克余公司给基泰丝打了道歉电话。几十分钟后，奥达克余公司的副经理和提着大皮箱的公关人员，乘着一辆小轿车赶到基泰丝的住处。两人进了客厅，见到基泰丝就深深鞠躬，表示歉意。除了送来一台新的、合格的索尼唱机，又加送著名唱片一张、蛋糕一盒和毛巾一套。接着副经理打开记事簿，宣读了怎样通宵达旦查询基泰丝住址及电话号码，及时弥补这一失误的全部记录。

这时，基泰丝深受感动，她坦率地表示买这台唱机，是准备作为见面礼，送给东京婆家的。回到住所后，她打开唱机试用时发现，唱机没有装机芯，根本不能用。当时，她火冒三丈，觉得自己上当受骗了，立即写了一篇题为《笑脸背后的真面目》的批评稿，并准备第二天一早就到奥达克余公司兴师问罪。没想到，奥达克余公司纠正错误如同救火，为了一台唱机，花费了这么多的精力。这种做法使基泰丝深为敬佩，她撕掉了批评稿，重写了一篇题为《35个紧急电话》的表扬稿。

《35个紧急电话》的表扬稿见报后，反响强烈，奥达克余公司因一心为顾客而声名鹊起，门庭若市。奥达克余公司将一桩坏事变成了好事，不仅挽回了公司的信誉，而且提高了公司的知名度和美誉度。后来，这个故事被美国公共关系协会推荐为世界性公共关系的典范案例。

假如没有这35个紧急电话，假如没有奥达克余公司竭尽全力的挽救，错售空心唱机货样的小事，势必给公司的利益带来损害，更不会有如此漂亮的结局。

其实，天下很多或好或坏的重大结局，都是由一些看来微不足道的事引发的。没有涓涓细流，汇不成浩瀚的海洋；没有一沙一石，哪里有巍峨的高山？没有一招不慎，不会有满盘皆输；没有差之毫厘，哪里有谬以千里？由量的积累到质的飞跃，是一个普遍存在的客观规律。有一首名为《钉子》的小诗："丢失一个钉子，坏了一只蹄铁。坏了一只蹄铁，折了一匹战马。折了一匹战马，伤了一位骑士。伤了一位骑士，输了一场战斗。输了一场战斗，亡了一个国家。"从关键的小事可能很快引发重大结局的角度来理解，这首小诗还是很有哲理的。挽救败事，应当小心谨慎，如同驾驭临近悬崖的烈马，不能轻挥一鞭；追求成功，应当勇往直前，就像操纵逆流而上的小船，不可少划一桨。

波音公司化祸为福

美国波音公司是一家实力雄厚、拥有世界一流的先进设备和技术水平的航空工业公司。它生产的飞机性能良好，承载量大，深受用户信赖。然而，天有不测风云，正当它春风得意、积极扩大生产的时候，祸从天降。

美国阿哈罗航空公司的一架由波音公司制造的737客机，从檀香山起飞不久，突然发出一声巨响，前舱顶盖被炸出一个足有6平方米的大洞！值得庆幸的是，有数年驾驶经验的飞机驾驶员依然将飞机安全降落在当地机场，除一名空中小姐被气浪抛出舱外，89名乘客安然无恙。

尽管如此，这架波音737客机出事故的消息，还是在短短的几小时之内便迅速传遍了世界各地，并引起了轰动。波音公司面临着难以化解的严重危机。

很快，波音公司有根有据地向各界人士宣称：这次事故的主要原因是飞机的服役时间太长，飞机已经飞行了20年，起落过9万多次，金属过度疲劳，远远超过了保险系数。但是，如此残旧的飞机，在出现如此重大的事故时，能安全返回地面，使乘客无一伤亡，难道不是从反面说明了波音飞机的性能十分可靠吗？如果航空公司能按照波音公司的设计要求使用飞机，该停飞时就及时停飞，岂不是万无一失？

波音公司的巧妙言辞，不仅迅速有力地扭转了被动局面，把舆论和竞争对手的攻击稳妥地化解在萌芽状态，维护了公司的良好形象，而且赢得了更为广阔的市场。阴云过后，是更加晴朗的天空。到波音公司订货的客户量猛增，世界各大航空公司的钱财源源不断地流进了波音公司的金库。

慧眼识珠。后来有人将这个真实的故事加以改编，搬上了荧幕，并获得了巨大的成功。

“祸兮福之所倚，福兮祸之所伏。”在激烈的国际竞争中，能不能化祸为福，能不能化险为夷，能不能化坏事为好事，除了必要的客观条件，关键在人，在人平时的决策、管理与运筹。没有事故出现的时候，要兢兢业业，像随时可能发生事故一样；有事故出现的时候，要泰然处之，像没有发生事故一样。没有事故像有事故一样提防，才可以减少意外的事故；有事故像无事故一样镇静，才能化解事故的危机。

营造购销氛围

有一次，台北市一家经销玩具的商店进货，同时进了两批玩具小熊，造型与质量几乎不相上下，但产地不同。一种来自韩国，另一种来自香港。因进价相差无几，店老板便让店员都标明售价6元出售。

可销售了一段时间之后，不管是韩国产的，还是香港产的，都很少有人购买。看着卖不出去的玩具小熊，店老板愁眉不展，都降价吧，显然赔本，而且也难保很快都能卖出去。后来，店老板灵机一动，想出了一个办法：让店员把香港产的玩具小熊的6元标价牌撤掉，换上10元的标价牌，韩国产的玩具小熊的标价仍维持6元不变。

光顾该店的顾客一看，两种玩具小熊并无差别，买韩国的玩具小熊实在是占了4元钱的便宜。于是，很多顾客都买了韩国的玩具小熊。没过多久，韩国的玩具小熊就卖光了。

店老板见韩国的玩具小熊全卖光了，又让店员把香港玩具小熊标价10元的牌子撤掉，换上“减价出售”的牌子：“原价10元，现价6元。”

光顾该店的顾客一看，降价的幅度这么大，也感到很便宜。没过多久，香港产的玩具小熊同样被销售一空。

除了玩具价格的一升一降，并没有其他的任何变化。但玩具价格的一升一降，却调动了顾客比较、选择玩具小熊的积极性，营造了购销双赢的良好氛围，变山穷水尽为柳暗花明。

其实，运用价格的升降来刺激消费，并不是什么新高招，而是商家常用的办法。现在，只要进入繁华的商业街，总能听到“跳楼大甩卖”“赔本大降价”的高声叫卖，但是能吸引顾客、让顾客信服的不多见，效果好的不多见。台北市这家玩具商店的成功，可以给人以启示。“运用之妙，存乎一心。”良好的购销氛围，是必须通过精心策划才可以营造的。

激发潜能

查尔斯·施瓦布是美国著名的企业家。但他管辖的一个工厂的工人总是完不成定额。换了好几任厂长，也没有效果，施瓦布决定亲自处理这件事。

他问厂长：“你是这么有能力的人，为什么也不能把工厂搞出个样子？”

“我不知道，”厂长答道，“我劝说过工人们，骂过他们，还以开除他们相威胁，但全然于事无补。他们仍然完不成自己的定额。”

“那么，你领我到工厂里看看吧。”施瓦布说。此刻，正值白班工人要下班，夜班工人要接班。

施瓦布问一个工人：“你们今天一共炼了几炉钢？”

“6炉。”这个工人答道。

施瓦布在一块小黑板上写了一个“6”字，然后又巡视了一下工厂就回去了。

夜班工人上班后，看到黑板上出现一个“6”字，十分好奇，忙问门卫是什么意思。

“施瓦布今天来过这里，”门卫说，“他问白班工人炼了多少炉钢，当知道是炼了6炉钢之后，就在黑板上写了这个数字。”

第二天早晨，施瓦布又来到工厂，特意看了看黑板，看到夜班工人把“6”字改写成了“7”，便十分满意地离开了。

白班工人上班时，都看到了“6”字被改写成了“7”。一个好强又爱激动的工人大声叫道：“这意思是说夜班工人比我们强，我们要让他们看看并不是那么回事！”当他们晚上交班时，黑板上的“7”字消失了，取而代之的是一个巨大的“10”字。

就这样，两班工人竞争起来，这个落后的工厂很快超过了其他工厂。

小事情中有大智慧。施瓦布只写了一个“6”字，这“6”字的背后是什么，他没有说。这个小小的“6”字，犹如一块投入水中激起千层浪的石头，使如一潭死水的工厂出现了生机与活力。对于工人来说，这意味着竞争、自尊和挑战。从实质上看，施瓦布是用一个小小的“6”字，巧妙地点燃了竞争的火焰。

在人类社会中，竞争具有重大的意义。高尚的竞争，是卓越才能的源泉。人们一旦拥有了高尚的竞争意识，就能形成向上的动力，激发出巨大的潜能，进而到达胜利的巅峰。

诸多实践证明，在建立和完善竞争机制和制度时，如果越自然、合情合理，那么成功的可能性也越大，因为它更容易被人们所接受；如果是高尚无私的动机，那么一旦被人们所接受，就能激发出更加巨大的潜能。

可以说，建立和完善适应社会主义市场经济的竞争机制和制度，是领导者和管理者务必十分关注的一件大事。

推而广之，不断推进机制和制度创新，不断建立和完善科学的机制和制度，是经济发展历史的重要启示，是一项更具有稳定性、长期性、全局性和根本性的工作。

明星名牌共生辉

90多年前，在德国一个偏僻的小镇上，阿道夫·阿迪·达斯勒兄弟俩在母亲的洗衣房里开始了制鞋业。他们精益求精地量下顾客脚的尺寸、形状，然后制鞋，于是每一双鞋都能满足消费者的要求。兄弟俩重视质量，不断地在款式上创新，边制边卖，销路看好。种种有利于顾客的经营方式，使他们的家庭制鞋作坊发展很快，没几年时间就发展成一家中型制鞋厂。

1936年的奥运会来临之前，阿道夫·阿迪·达斯勒兄弟发明了短跑运动员穿的钉子鞋。他们派人打探参赛运动员的情况，当得知美国短跑名将欧文思很有希望夺冠的消息后，便无偿地将钉子鞋送给欧文思试穿。后来，欧文思不负众望，果然在比赛中获得4枚金牌。于是，欧文思穿的钉子鞋一举成名，钉子鞋成了国内外的畅销货，阿迪达斯鞋厂也就变成了阿迪达斯公司。

用体育明星来创牌子的办法太妙了！此后，老阿迪屡屡使用这种办法。

老阿迪发明了可以更换鞋底的足球鞋之后，便把这种新产品无偿送给联邦德国足球队。1954年，世界杯足球赛在瑞士举行。不巧，比赛前下了一场雨。赛场上很是泥泞，匈牙利队员在场上踉踉跄跄，而穿着阿迪达斯足球鞋的联邦德国队员却健步如飞，并第一次获得世界冠军。从此，阿迪达斯足球鞋名扬四海。

阿道夫·阿迪·达斯勒兄弟的成功，还与他们的出色服务分不开。在赛场上，阿迪达斯公司总是派出优秀的员工为运动员服务。只要哪位运动员感到鞋子不舒适，阿迪达斯公司的人马上就为他排忧解难。

在一场世界杯足球赛上，有一位德国主力队员的跟腱受伤，阿迪达斯公司连夜为他赶制了一双特殊球鞋，使他能够重上球场。在另一场世界杯足球赛上，有一位苏联足球队员穿的鞋子不合脚，公司派员马上描下他的脚样，立即乘飞机飞回公司，连夜为这位苏联足球队员赶制了一双合脚的鞋子。阿迪达斯公司出色的服务，使它赢得了广阔的市场。

为了扩大影响力，公司将商品的2%~6%拿出来做馈赠，他们千方百计地争取尽可能多的运动尖子穿上阿迪达斯公司的鞋子。运动员在大赛中穿着阿迪达斯的鞋跑步、踢球，就是做活广告，比花钱做任何电视广告都有效果。因此，对于体育明星，阿迪达斯公司常常慷慨赞助。

苍天不负苦心人。由于他们的种种努力，在1976年蒙特利尔奥运会上产生的147枚金牌中，有124枚金牌的得主穿着阿迪达斯公司生产的鞋。在这之后的西班牙世界杯上，有四分之三的运动员是全身披挂着阿迪达斯的产品。

现在阿迪达斯公司已有4万名职工，分布在全世界40个国家的子公司中。这家公司经营各种体育用品，但是最传统的、最主要的产品是足球鞋，每年各公司共生产25万双足球鞋。可以说，不断创新、重视质量、周到服务和出色的赞助艺术，使阿迪达斯成为世界最大的体育用品公司。它有一个难能可贵的经营之道，就是善于让名牌商品帮助明星登上冠军领奖台，善于让明星冠军帮助名牌商品名扬四海，善于让明星和名牌相映生辉。

管理的一个高招

埃克是一个大农场的农场主，在自己的农场种了大片的棉花。到摘棉花的时候，他不得不雇许多工人来农场帮忙。

有一天，埃克到农场巡视劳动情况，看到一些工人偷懒，地上也到处散落着雪白的棉花，感到十分可惜。埃克急了，把工头找来，狠狠地训斥一顿，并让工头解雇偷懒的工人，禁止胡乱丢弃棉花。工头答应了。

过了几天，埃克又去农场巡视，发现问题依然如故。他心里更加着急，因为眼下的偷懒和浪费所造成的损失还不是最可怕的，如果不抓紧时间采摘棉花，雨水一来，田里生长一年的棉花将会损失惨重。

可埃克不明白，为何每次来这里都能看见偷懒的工人和浪费的现象，而那些工头天天在此，却好像没有看见一样？即使再三严厉警告，却依然无明显的效果。

于是，埃克去请教一位善于管理的朋友。朋友一针见血地说："因为农场里的棉田是你自己的棉田啊！"聪慧的埃克恍然大悟。

埃克回到农场后，立即召集所有的工头开会，在会上宣布："销售棉花收益的20%将由各位分配。"

消息公布后，埃克再到农场巡视时，看不到偷懒的工人，也看不到胡乱丢弃的雪白棉花了。工头们不仅严格管理，而且还抽时间积极主动地带头参加劳动。

毫无疑问，将埃克"自己的棉田"变为与工头切身利益相关的棉田，是使棉田走出困境的管理高招。

曾是美国首富的石油大亨保罗·盖蒂，与大农场主埃克有过类似的经历。

保罗·盖蒂经常到自己油田的各个油井去巡视，每次看到浪费和闲人，都要把工头找来，要求消除浪费和闲人。

然而，下次再去，浪费和闲人依然存在。

保罗·盖蒂百思不得其解：为何我不常来，都看得出浪费和闲人，而那些工头天天在此，却视而不见？我再三警告，却始终不见改善？

后来，保罗·盖蒂遇到一位管理专家，便向他请教。专家只一句话，便点醒了保罗·盖蒂："那是你自己的油田！"

保罗·盖蒂醒悟了，回到油田之后，立即招来各工头，向他们宣布："从此油井由各位负责经营，收益的25%由各位全权分配。"

此后，保罗·盖蒂再到各个油井去巡视，发现不仅浪费和闲人绝迹，而且油产量大幅增加。

油田的经营效益迅速提高，避免了在激烈的竞争中被淘汰。保罗·盖蒂还兼并了许多经营不善的油井，进而建立了自己的石油王国。

毫无疑问，将保罗·盖蒂“自己的油田”变为与工头切身利益密切相关的油田，是使油田走出困境的管理高招。

责权利，出奇迹，一本万利。无论是使棉田走出困境的管理高招，还是使油田走出困境的管理高招，实质上，高就高在建立了简洁高效的责权利紧密结合的管理机制。

这个管理的高招是浅显的，浅显到几乎无人不懂的程度。

这个管理的高招又是高深莫测的，高深莫测到很少有人能将其运用到简洁高效的程度。

对于这个管理的高招，一般地了解并不难，难就难在纯熟地运用。要完成从一般了解到纯熟运用的飞跃，就非下苦功夫不可。

按原价1/10的价格卖钢琴

一位华侨和她的女儿都是钢琴演奏家。那天，她们一起来到一家豪华的大型商场，起初只是随便看看各种运动器材和乐器，并没有明确的购买目的。但当她们在一架精致的钢琴旁看了一会儿之后，断然决定立刻买下它。因为这是一架极便宜的德国正宗名牌三角钢琴，即施坦威三角钢琴。

不料售货小姐竟不敢卖，于是请来了股长，股长也婉言谢绝，坚持不卖。顾客在商场买东西本是天经地义的事情，于是她们母女俩理直气壮、毫不让步，坚持要买，连部门经理出面斡旋也毫无效果。

原来，这架价值数千美元的钢琴，标价牌上偏偏少写了一个0。在如此气派的商场竟出现这样离谱的差错，显然是制作标价牌的工作人员粗心大意所致。

客观地说，商场坚持拒售，立刻更正或补换标价牌，也是可以得到谅解和说过得去的；退一步说，向顾客表示一下歉意，或者给予一些折扣优惠，也算可以了。

后来，部门经理请示了总经理。当总经理了解了事情的原委后，当场定夺：卖！按错误的标价卖！按原价1/10的价格卖！既然已经明码标价、广而告知，就将错就错，坚决出售，而且要送货上门、免费调音，直到客户满意为止。

从表面上看，从这架钢琴的销售价格上看，商场在这笔生意上似乎吃了亏，但是为商场买回了教训，有利于改进今后的工作。更重要的是有力地维护了商场信用和商业道德，在公众面前树立了诚实无欺的良好形象。事后，多家新闻单位还争先恐后地在显著位置报道了此事，到这家商场买东西的顾客也迅速增多。

从本质上看，从坏事变好事的角度上看，也可以说，这是花钱不多，收获不少的得大于失的公关投资。

重金聘丑女

1927年2月14日，汉口《民国日报》报道，法国巴黎芝利亚兄弟化妆品公司，曾于1926年7月在《巴黎日日新闻》上刊登一则别出心裁的广告，题为《重金聘丑女》。广告词大意是：凡自信长相最丑之本市少女，如能到本公司谈话一小时，本公司愿付20法郎作为报酬。经过谈话后，若双方都感到满意，本公司即以重金聘用。

这一广告传开后，很快就有10余名丑女前去应征，公司从中挑选了2名最丑者予以重金聘用。

3个星期后，芝利亚兄弟化妆品公司又登出广告宣布：丑女已选定，将于星期六晚上在巴黎大舞台与公众见面，届时还有苏俄女子跳舞、华人奏乐助兴。

消息传开，激起了人们的好奇心，竞相准备赴会。

到了那天晚上，当大幕徐徐拉开之后，两名丑女登台，果然奇丑无比，观众议论纷纷。两名丑女做了简单的自我介绍之后，公司总经理芝利亚上台讲话。他说，此次聘请丑女登台，目的是让大家看看本公司所生产之化妆品的功效。请诸位稍候，我们到后台为两名丑女化妆片刻，然后再与观众见面。

观众等了一会儿，只见在舞乐相伴下，台上款款走来刚才亮过相的两名丑女，面涂脂粉，可谓旧貌换新颜。在灯光照耀下，虽不敢说光彩照人，但的确漂亮了许多。

观众大为叹服，啧啧称奇。从此，这家化妆品公司名声大震，产品畅销，使那些惯于用美女做广告的同行自叹弗如。

这个广告的成功之处，就在于引起了公众的好奇和关注，进而创造了直线上升的销售量。

变“要人做”为“人要做”

马克·吐温小时候，有一天因为逃学被妈妈罚去刷围墙。围墙有30米长，比他的头顶还高出不少。

他把刷子蘸上灰浆，刷了几下。刷过的部分和没刷的相比，就像一滴墨水掉在一个球场上。他有些灰心丧气地坐下来。

他的一个伙伴桑迪，正提着水桶跑过来。“桑迪，你来给我刷墙，我去给你提水。”马克·吐温建议道。

桑迪有点儿犹豫了。

“还有呢，你要是答应，我就把我那根肿了的脚指头给你看。”马克·吐温赶紧跟上一句。

桑迪禁不住诱惑了，好奇地看着马克·吐温解开脚上包的布。可是，桑迪后来还是提着水桶拼命跑开了，因为他妈妈正瞧着呢。

马克·吐温的另一个伙伴罗伯特走来，还啃着一个甜脆可口的大苹果，馋得马克·吐温直流口水。

突然，马克·吐温十分认真地刷起墙来，每刷一下都要打量一下效果，简直像个大画家在修改作品。

“我要去游泳，”罗伯特说，“不过我知道你去不了。你得干活，是吧？”

“什么？你把这有趣的刷墙游戏叫干活？”马克·吐温叫起来，“要是这叫干活，那它正合我的胃口，哪个小孩能天天刷墙玩儿呀？”他卖力地刷着，一举一动都特别快乐。

罗伯特看得入了迷，跃跃欲试，连苹果也不那么有味道了。他商量着说：“嘿，让我来刷刷看。”

“我不能把活儿交给别人。”马克·吐温拒绝了。

“我把苹果核儿给你。”罗伯特开始恳求。

“我倒愿意，不过……”

“我把这苹果都给你！”

马克·吐温终于把刷子交给了罗伯特，一边坐到阴凉里吃起苹果，一边看罗伯特为这得来不易的“权利”卖力气地刷着。

一个又一个男孩子从这里经过，他们个个都被刷墙所吸引，并高高兴兴地留下来试着刷一会儿。

马克·吐温为此收到了不少小礼物：4块橘子皮、1颗石头子、1只死麻雀，还有1只蓝眼睛的猫。更重要的是，马克·吐温不费吹灰之力，就让小伙伴们心甘情愿地把墙给刷完了。

马克·吐温妙用小伙伴们刷墙的小事，对管理者与领导者不无启示。聪明的管理者与领导者应该具备这种能力：通过示范与榜样的力量，将“要人做”变成“人要做”，让下属对枯燥乏味的工作产生兴趣，进而竭尽全力地做好工作。

面对叫价百万的人才

麦克·利奇从纽约飞到德黑兰，通过旧关系，结识了该国的石油商，并很快做成了一笔巨额生意。

这笔巨额生意将使菲利普·所罗门公司获得巨额利润，一跃成为世界上最大的石油商。应该说，利奇立下了汗马功劳。

然而此时，菲利普·所罗门公司的杰尔森总裁犯了一个错误，一个无法挽回的错误，致使他的公司蒙受了巨大的损失。

按照老规矩，利奇在伊朗的石油交易中应获得100万美元的奖金。但杰尔森觉得这笔钱数目太大了，不想兑现诺言，迟迟不付。

利奇却十分看重这笔奖金，并希望马上拿到手。于是他给正在瑞士度假的杰尔森打电话催发这笔奖金。

“奖金？再等一等吧。”杰尔森搪塞道。

“我希望能马上拿到它，这对我很重要。”

“这……我认为……你不该拿这么多钱。”

“什么？不该拿？这是天经地义的事，怎么会这样？”

“利奇，你冷静点儿。你也明白，我年事已高，谁来接任总裁的职务呢？只有你。既然你将担任这一要职，又何必计较这100万呢？所以，我劝你干脆一分也不要，将来你上任，大家谁不敬佩你？”

“谢谢总裁的好意。如果您推荐我做总裁，我将感激不尽。但是，这与我应得的奖金是两码事，不能扯到一起去。我仍坚持要这份奖金！”

“我希望你能认真考虑。”

“不，我不会考虑，我不会让步！”

杰尔森生气地撂下话筒，他对利奇的桀骜不驯深感失望。

次日上午，利奇飞往日内瓦，下了飞机后，便急忙驱车来到杰尔森的度假别墅。

利奇这位不速之客的到来，使杰尔森感到很意外。两人一见面，便为奖金的事争论起来，最终不欢而散。

利奇知道向杰尔森要那100万奖金，如同缘木求鱼，已经毫无希望了。他决定另谋出路。利奇用“对缝”的方法，一分钱未出，仅打了一个电话，就净赚1000万美元。

这时，利奇嘴角掠过一丝冷笑，暗暗发誓：“我要用这笔钱开公司，一定要赶上甚至超过杰尔森的公司！”

1974年，麦克·利奇国际公司挂牌营业了。公司成立后，利奇利用过去的关系，做成了一笔又一笔大生意，石油、金属、粮食、蔗糖等，什么买卖都做，着实积累了不少资金。

利奇从杰尔森那里吸取教训，对手下的员工论功行赏，以高薪重奖加以刺激。

一次，利奇得知智利一位铜商正要与菲利普·所罗门公司做一笔铜生意。利奇便对手下格林说：“你只要将这笔生意抢过来，我奖给你200万美元。”

格林也曾是杰尔森手下的得力干将，与智利的铜商关系密切，因此他轻而易举地将这笔生意“拦截”下来。虽然这笔生意利润并非很高，但利奇还是很爽快地马上兑现诺言，将200万美元如数奖给了格林。

此举极大地提高了利奇的威望与信誉，使他的手下个个死心塌地为其卖命。他还用这种办法，从菲利普·所罗门公司挖走不少人才。更致命的是，这些人还将原来属于菲利普·所罗门公司的生意关系网络也顺手“牵”进利奇的公司里，让利奇获得了巨大的利益。

利奇的这些招法都很厉害，把菲利普·所罗门公司弄得只有招架之功，而无还手之力。

利奇在打击菲利普·所罗门公司的同时，他的生意也与日俱增，没几年工夫，麦克·利奇国际公司完全可以同世界上最大的贸易公司——菲利普·所罗门公司并驾齐驱了。

直到此时，杰尔森才深感懊悔：“唉！为了100万美元，不仅失去一位能为自己的公司赚来数以亿计财富的得力干将，还树立了一个难以对付的竞争强敌。”但一切都悔之晚矣。

一诺为重百金轻。在各种失误中，决策的失误是最大的失误。在决策的失误中，最大的失误是用人的失误。

比较起来，洛克菲勒不知要比杰尔森高明多少倍。

19世纪60年代末期，洛克菲勒清醒地看到，虽然国内石油的储藏量十分大，但是提炼工序十分粗糙，以至于生产出来的产品质量很差，而且不够安全。

市场的难题，就是市场的商机。洛克菲勒采用搬运工塞缪尔·安德鲁斯发明的先进工艺，于1870年生产出了第一桶蒸馏油。他们的石油产品质量超群，很快生意就繁荣起来。

随着事业的迅速发展，洛克菲勒又开始重用另一个新搭档——佛莱格勒先生。对此，塞缪尔·安德鲁斯很快产生了强烈的不满。

“你到底有什么要求？”洛克菲勒直率地问道。

塞缪尔·安德鲁斯随意地在一张纸上写道：“我要100万美元。”

尽管当时洛克菲勒的实力还不很雄厚，但还是在24个小时内就给了安德鲁斯这么一笔钱，并说了一句让他终生难忘的话："100万美元还不值10块钱。"

度量大，福分大。20年之后，洛克菲勒这个原来厂房和设备加在一起仅值1000美元的小小炼油厂，发展成了标准石油联合企业——美孚石油公司，资本额达9000万美元，以每股价格170美元计算，其市场价值达到了1.5亿美元。

人才为重百金轻。决策的正确是最大的正确。在正确的决策中，最大的正确是用人的正确。

"100万美元还不值10块钱。"洛克菲勒的这句话，成了许多决策者选人用人的至理名言。

得人心者得市场

商家送给顾客最好的礼物是满意，顾客送给商家最好的礼物是货币。

美国好乐公司的副总裁艾丽莎·巴伦，掌管着30多亿美元的资产。她20岁时曾当过一家糖果店的店员，来店的顾客特别喜欢她，总是等着她给自己售货。

有人好奇地问艾丽莎："为什么顾客都喜欢找你，而不找别的小姐，是你给的糖果特别多吗？"

艾丽莎摇摇头说："我绝对没有多给他们。只是别的小姐称糖时，起初都拿得太多，然后再一点点地从秤上往下拿。而我是先拿得不够，然后再一点点地往上加，顾客自然喜欢我了。"

有钱难买愿意。艾丽莎·巴伦的高明之处，就在于她抓住了顾客心理上的微妙差别：一点点地往秤上加要比一点点地往秤下拿让顾客感到舒服。

法林是美国的著名商人。有一次，一个朋友请他帮忙销售在库房里积压多年的商品。他就冥思苦想，终于想出了一个销售积压商品的办法。

他在波士顿市中心的繁华街区开了一家商店，并在电视上做了广告，声称该店有一套与众不同的经营方法：在商品标出价格的头12天，按全价出售；从第13天到第18天，降价25%；从第19天至第24天，降价50%；从第25天至第30天，降价75%；从第31天至第36天，如果仍然没人买，就把商品全部捐给慈善机构。

法林商店很快成了人们议论的热门话题，知道商店广告的人几乎都想去看一看，其中的大部分人预言："法林这个笨蛋非倾家荡产不可。"因为，如果顾客等到商品价格降到最低时才去购买，商店就非吃大亏不可。

然而事实完全出乎众人的意料，法林商店的商品从降价后就十分畅销，积压多年的商品很快就销售一空。

人心可以经营。法林的高明之处，就在于准确地调动和满足了顾客争先恐后购买的渴望心理：今天我不买，明天就会被别人买走，还是先买下为好。

得人心者得市场。谁能调动和满足顾客购买商品的积极性和内心渴望，谁就能受到顾客的欢迎，谁就能使商品畅销。

花卉市场的风波

那是1973年，一位美国科学家在医学杂志上撰文指出："医院病房里摆放的鲜花，含有对某些病人具有潜在威胁的细菌。在病房里摆放花卉，可能对某些病人造成不同程度的危害。”

一石激起千层浪。这位美国科学家的新发现，引起了社会各界人士的广泛关注。美国的许多报纸和杂志纷纷刊载文章，指出病房里的鲜花可能对患者造成严重危害，甚至危及生命。

在这种舆论的影响下，美国的花卉行业一蹶不振，损失惨重。为了消除负面影响，重振美国花卉行业的雄风，某公关公司接受了委托，承担起解决这一难题的重任。

首先，公关公司认真研究了这位美国科学家发表的那篇文章，确认在病房里摆放鲜花的潜在威胁，仅仅涉及很小一部分病人，例如烧伤患者、新生儿等。

其次，公关公司调查到大部分花卉经营者早已认识到鲜花对某些病人具有潜在威胁，并能给顾客提供必要的建议和忠告。

再次，公关公司让自己研究和调查的结论，得到了这位美国科学家的证实与支持。这就为消除大众疑虑和误解奠定了坚实的基础。

随后，公关公司组织医生、护士和心理学家，有理有据地向公众宣传鲜花在医疗中的积极作用，指出：“鲜花作为礼物，对大多数患者来说是一剂精神良药，可以给患者以很大的安慰。鲜花向患者传达信息，人们在关心他，希望他早日康复。因此，病房里摆放鲜花，有很好的心理医疗作用。”

在公关公司的策划和组织下，鲜花对大多数患者的医疗作用家喻户晓。病房里的鲜花，在人们的心目中恢复了美好的形象，鲜花的销量也随之与日俱增。花卉行业重振了昔日的雄风。

市场里的商品就像海洋里的航船，随时都可能遇到各种各样的风险。舆论常常对商品的命运起着决定性的作用。送鲜花有利于患者康复的舆论，会使给患者送鲜花成为一种时尚；送鲜花不利于患者康复的舆论，会使给患者送鲜花的人越来越少。这是人们在消费领域普遍存在的从众心理。在这种意义上可以说，成也舆论，败也舆论。科学地引导舆论，谨慎地把握人们的从众心理，是开发和巩固商品市场的极其重要的环节。

“品尝定律”

社会学家做了这样一个关于推销的试验。

在两个自选商场里各设置一个小吃摊位，其中一个有24种食品，另一个有6种食品，顾客都可以随意品尝。经过一段时间之后，得到了下面的统计数据：

240位顾客中，在经过24种食品的摊位时，有60%的人停下来品尝；而在经过6种食品的摊位时，只有40%的人停下来品尝。

但是，这些顾客选购的情况却出人意料：在24种食品的摊位，仅有3%的人购买了食品；在6种食品的摊位，却有30%的人购买了食品。

这就出现了一个值得思考的问题：食品种类少的摊位，其买卖成功率却是食品种类多的10倍，这究竟是为什么？

我们可以从对实验数据的深入分析中找到答案。

既然在经过24种食品摊位的240位顾客中，有60%停下来品尝，那么品尝的人数为：240×60%=144人；其中每种食品的平均品尝人数为：144÷24=6人。

既然在经过6种食品摊位的240位顾客中，有40%停下来品尝，那么品尝的人数为：240×40%=96人，其中每种食品的平均品尝人数为：96÷6=16人。

数据表明，两个摊位每种食品被顾客品尝的平均人数不同，6种食品的摊位要远远多于24种食品的摊位。

由此可见，相比之下6种食品的摊位之所以能卖出更多的食品，其中的一个重要原因是每种食品被品尝的次数较多。

总之，从这项实验可以得出一个带有规律性的结论：销售食品的多少，并不主要取决于拥有食品品种的多少，而取决于品尝食品人数的多少。社会学家将这个试验结论，称为“品尝定律”。

将“品尝定律”推而广之，就可以说：多尝试才能多成功。

条条道路通致富

早在60多年前的英国，炸土豆片就已经是一种很受欢迎的下酒菜了。但当时炸土豆片的市场很窄，只有一家叫史密斯的公司控制着大部分的销售市场，基本是供各酒吧消费，并没引起人们的特别关注。

此时，有一个人发现，用炸土豆片开拓零食市场，前景会相当不错。于是，他立即收购了一个很不起眼的生产炸土豆片的小公司，即金奇妙公司。经过一番策划，他把炸土豆片的市场定位从男人的下酒菜，扩展到广大妇女和儿童的日常生活中的零食。没多久，“金奇妙炸土豆片”便成为小到街道小商店大到超级市场的热销食品，接着又冲出英国，走向世界。

金奇妙的炸土豆片既激活了民众巨大的潜在需求，又避免了与史密斯公司在下酒菜上争高低的内耗性竞争。

万宝路牌香烟起家的时候，三五牌香烟已经在各个年龄段的烟民心中占据了比较牢固的地位。于是，万宝路牌香烟避开了三五牌香烟的优势，把自己的消费人群定位在新生代的青年身上。其广告中都是穿着牛仔裤的骑马青年，显示了青年的帅气与豪情。经过不懈的努力，万宝路终于得到了青年烟民的普遍认可。

尽管没有竞争就没有生意，但金奇妙的炸土豆片和万宝路牌香烟开拓市场的经验告诉我们，竞争要最大限度地避免自相残杀的“窝里斗”，多在开拓潜在的市场上下功夫，形成“你卖你的，我卖我的，东方不亮西方亮，黑了南方有北方”的共存共荣的新局面。与人为善的竞争心理，光明磊落的竞争精神，是事业与个人成功的不竭动力。

条条道路通致富。一位经济学家说得好：“如果把独辟蹊径的竞争看作是与世无争，那么与世无争就是最高明、最有广阔天地的竞争。”

用征婚和枪击促畅销

一则征婚广告能打开一部小说的畅销局面吗？可以肯定地说：能。

20世纪初的某一天，英国各大报纸不约而同地刊登了一则与众不同的征婚广告：

“本人喜欢音乐和运动，是个年轻而又有教养的百万富翁，希望能和毛姆小说中的女主角完全一样的女性结婚。”

广告登出后，那些想要嫁给年轻而又有教养的百万富翁的小姐，纷纷将毛姆的小说买回去，藏在自家的香阁里日夜细读；那些时刻操心牵挂、一心要给自己女儿安排个好归宿的父母，也争先恐后地把毛姆的小说买回家，送给女儿当礼物和“教材”。没几天工夫，伦敦书店里毛姆的小说就被抢购一空，“年轻而又有教养的百万富翁”的魅力不仅成就了小说家的大名，而且让小说家发了一大笔财。

然而，谁都没有想到，那位策划、刊登征婚广告的先生就是小说的作者——毛姆本人。

小说家毛姆之所以一夜之间成名，除了他的作品质量很好，还因为他成功运用了“征婚广告”推销自己。小说出版后，他没有像常人那样搞一个什么新闻发布会、作者签名售书，也没有在报刊上刊登什么书讯之类的东西，而是一反常规思维，抓住现实生活中小姐们渴望嫁给年轻而又有教养的百万富翁的心理，以子虚乌有的百万富翁来打动人心，巧妙地把自己小说中的女主角融入“征婚广告”之中，成功地吊起了伦敦社会上小姐们的胃口，有的小姐甚至模仿小说中的女主角，希望能被“年轻而又有教养的百万富翁”所喜爱。这一无中生有的戏剧性创新思维，成功地为毛姆的小说做了最好的推销。

毛姆小说的畅销，得益于引人注目的征婚广告，是征婚征出的畅销书。

一则激怒警察搞枪击实验的广告能打开一种挂锁的畅销局面吗？也可以肯定地说：能。

20世纪70年代，美国有一家制锁公司租了一个射击场，请著名专业射手用枪对他们生产的帅牌挂锁进行性能测验。射击专家用步枪对着40把帅牌挂锁各打两枪，在每个锁中心打出了两个半英寸深的洞。结果发现，只有1把锁在被击中第一枪后跳开，其余39把仍然锁口紧闭。该公司根据这一实弹测验情况，进一步提高了挂锁质量，然后策划推出了一个全国性的广告，宣称美国电影中警察可以经常用枪打开挂锁，但他们绝对打不开一把帅牌挂锁。

广告推出后，美国田纳西州的警察对其中有损警察形象的广告词十分恼火。为了检验真假，他们安排了枪击试验。结果发现用枪可以打开其他挂锁，却真的无法打开帅牌挂锁，只能在锁里留下子弹头。

醉翁之意不在酒。该公司推出似乎有损警察形象的广告，其真实目的不是要贬低警察形象，而是要为自己的产品做广告。警察被激怒后，果然上当，他们举行的枪击试验等于给该公司做了免费的“行动广告”，而且警察们的“行动广告”比一般的广告更具有权威性，其试验结果令人信服。帅牌挂锁因此名声大震，销量剧增。

帅牌挂锁的畅销，得益于激怒警察搞枪击试验的“行动广告”，是枪击击出的畅销锁。

“写广告的伟大艺术就在于找到一种适当的方法引起看广告人的注意。”爱迪生的这句话，对于做好广告、开拓市场有普遍的启示作用。

眼光决定成败

第二次世界大战结束之后，美苏两国为了称霸世界，都不惜耗费财力，大肆扩充军备。

苏联的“明斯克”号航空母舰，在军备竞赛中是一个举足轻重的砝码。其排水量之大、动力之强劲、武器之先进，引起了世人的瞩目。它的行踪，一直是军方和传媒追逐的目标。

时过境迁。苏联解体之后，“明斯克”号航空母舰就失去了昔日的风采。先是被俄罗斯人拆去了动力装置和武器，然后当作废钢铁，廉价卖给韩国的一个公司，准备割开回炉炼钢。

中国的德隆集团独具慧眼，看出了这堆废钢铁的巨大价值，决心筹建独一无二的航母世界公园。集团成立了明斯克航母世界实业有限公司；以540万美元的价格把“明斯克”号买了回来，拖到了深圳大鹏湾；花3亿元巨资将“明斯克”号修葺一新；派员到莫斯科，几经周折买回了原舰载的两架退役的武装直升机和两架米格-23歼击机；从处境艰难的俄罗斯博物馆廉价租用了一大批珍贵文物，其中包括世界第一颗人造卫星、第一艘宇宙飞船、月球土、宇宙服等大量罕见的实物；还抓住解放军每年都要淘汰一些武器的机会，派人主动上门联络，又争取到一大批退役的火炮、水陆两用坦克、战机等重型武器……

2000年9月，明斯克航母世界正式开园。10月份就接待游客40万人次，光是门票收入就达到400多万元。在非假日时间里，每天的游客仍在6000人以上。到了2001年10月，光是门票收入已经突破2.5亿元，而舰体的维护、水电费、人员工资等开支每月600万元左右，利润惊人。果然不出决策专家所料，仅仅两年就收回了全部的投资成本。

在德隆集团总经理办公室的墙上，悬挂着决策专家写的一段话："宝贝放错了地方就变成了废物，废物放对了地方就变成了宝贝。无论是防止宝贝变成废物，还是将废物变成宝贝，都需要有在平凡中发现奇迹的眼光。眼光是否敏锐、远大、准确，常常决定事业的成败。"

小礼品胜过大彩电

有一家浴池刚刚开业，精明的老板让人在大门前张贴了一份醒目的广告。广告上说："如果您光顾本浴池，我们将赠送您一瓶洗发精、一块香皂和一条毛巾。"

只要花10元钱买一张浴池的门票，就可以获得价值几十元的礼品，这立刻招来了很多好奇的顾客，纷纷到这家浴池洗澡。这家新开业的浴池比那些老浴池生意兴隆得多，红火得多。

这家浴池确实说到做到，向每位光临的客人，均赠送一瓶洗发精、一块香皂和一条毛巾。这家浴池还请客人将使用后的赠品存放在浴池的小储物柜里，并在各个小储物柜上写明客人的名字。以后客人再到浴池洗浴的时候，便可以继续使用自己存放的东西。

一瓶洗发精、一块香皂和一条毛巾，可以供一位顾客使用30次。每一次的门票10元，这家浴池就可以在每一位顾客身上得到300元，而所赠送的三件礼品只不过30元左右。三件礼品成了香喷喷的诱饵，让每一位顾客30次才能吃完。这样经营，形成了相对稳定的消费群体，大大增加了浴池的收入。可以说是两相情愿、两全其美，是双赢。

与这家浴池赠送的小礼品相比，德国总统赠送的大彩电的命运却相去甚远，有些可悲了。

曾任德意志联邦共和国总统的H·吕布克，在其任职期间曾到非洲岛国马达加斯加共和国进行正式访问。

一场盛大的仪式在马达加斯加共和国首都塔那那利佛举行。

面对主人隆重而热烈的欢迎，H·吕布克在欢迎仪式即将结束的时候，向马达加斯加人民赠送了一件德国家家户户极其喜爱的礼物——联邦德国生产的彩色电视机。

一般来说，赠送礼品者的地位越显赫，礼品也应当越受重视和欢迎。但出乎意料的是，当H·吕布克极其友好地向欢迎的人群宣布这一消息之后，引来的不是全场的喜悦和欢呼，而是一片不满和怨恨。这不仅使H·吕布克大惑不解，而且使他的随行人员也感到莫名其妙。

原来，当时马达加斯加共和国还没有建起电视台，黑白电视机尚且毫无用武之地，更何况彩色电视机了。在欢迎人群的眼里，这件价格昂贵的礼品、工业进步的结晶，正是暗示着自己国家经济上的落后。因此，马达加斯加人民感觉受到了莫大的侮辱。如果换位思考，欢迎的人群感到气恼，也的确是可以理解的。非常遗憾，H·吕布克良好的动机没有收到良好的效果。

看来，有“礼”未必能走遍天下，赠送礼品也是一门艺术。赠送什么样的礼品，需要送礼者周密的考虑，以免事与愿违，冒昧地送上不受欢迎的礼品。

3个用数字概括的理论

这里有3个用数字概括的理论，彼此之间互相补充。把它们连起来看，比单独地看，对人的启示更大。

第一个是“150定律”。罗宾·邓巴是一位人类学家。他研究了21种不同形态的原始社会，发现这些村落中的人口都在150左右。人们把他的研究理论称为“150定律”。现在，我们许多人都远离村庄生活，却没有脱离这个定律：罗宾让一些居住在大都市的人列出与其交往的所有人的名单，结果他们名单上的人数都在150左右。

第二个是“250理论”。美国著名推销员拉德在商战中总结出了“250理论”。他认为每一位顾客身后，大体有250个亲朋好友。如果你赢得了一位顾客的好感，就意味着赢得了250个人的好感；反之，如果你得罪了一位顾客，也就意味着得罪了250位顾客。这一理论有力地论证了“顾客就是上帝”的真谛。这个理论说明，必须善待每一位顾客。

第三个是“80/20法则”。意大利著名经济学家维弗雷多·帕累托曾提出一则应用很广的“重要的少数或琐碎的多数——80/20法则”。一般情形下，企业的产出或报酬是由少数的生产原因、项目投入和主观努力所产生的。而原因与结果、投入与产出或努力与报酬之间的关系又往往是不平衡的，若用数学方式测量这个不平衡，则得到一个80/20关系，即结果、产出或报酬的80%取决于20%的原因、投入或努力。

推而广之，80/20法则具有多方面的表现。例如：

80%的销售额来自20%的顾客；

80%的电话源自20%的发话人；

80%的看电视的时间花在20%的节目上；

80%的菜是重复20%的菜色；

80%的教师辅导时间花在20%的学生身上；

80%的阅报时间花在20%的版面上；

80%的财富掌握在20%的人手中；

80%的地球资源被20%的人消费；

80%的交通堵塞发生在20%的路段；

……

诸如此类的例子还可以举出很多。当然，80%与20%也是近似值，但其中的规律不可忽视。

我们把上面3个用数字概括的理论连在一起思考，至少可以得到两个极其重要的启示：

一是“150定律”和“250理论”的共同点告诉我们，必须认真对待身边的每一个人，因为每一个人的身后，都有一个相对稳定的、规模不小的群体。善待一个人，就像拨亮一盏灯，照亮一大片；不善待一个人，就像熄灭一盏灯，黑暗一大片。

二是“80/20法则”告诉我们，必须抓住重点，抓住主要矛盾，因为这20%的重点和主要矛盾，常常决定着事物发展的方向和成败。事必躬亲，胡子眉毛一把抓，往往是费力不讨好，造成事倍功半的结局。有人为了强调“80/20法则”的重要性，将它称为“改变命运的黄金原理”。

细节的魅力

那天晚间收看中央电视台的管理讲座节目，王教授现身说法的精彩演讲，给人留下了深刻印象，值得回味。

几年前，王教授出差到泰国曼谷，住在一家五星级酒店的6楼。清晨他一开门，一位漂亮的泰国小姐微笑着同他打招呼：“早上好，王先生。”

他很惊讶地问：“你怎么知道我姓王？”

“我们每个楼层的当班服务员，都要记住自己楼层每一个房间里客人的姓名。”

王教授心中很高兴，乘电梯到了一楼。门一开，又一位漂亮的泰国小姐站在那儿：“您早，王先生。”

“啊，你也知道我姓王？你也背下了6楼客人的姓名？”

“不，王先生，上面的服务员打电话说您下来了。”原来她腰上配着对讲机。

接着，她带王教授去吃早餐，餐厅的服务员为他上菜。当上了一盘点心的时候，他问服务员：“中间这个红红的是什么？”

那位小姐上前看了一眼，后退一步告诉他，那个红红的是什么。

接着，王教授又问：“那旁边这一圈黑黑的呢？”

服务员上前看了一眼，又后退一步做出了回答。

王教授注意到了“后退一步”这个细节，知道这是为了说话时与饭菜拉开距离，以保证干净卫生。

当王教授用信用卡结账退房，准备离开酒店的时候，服务员把信用卡还给他，并把收据折好放在信封里，然后说：“谢谢您，真希望您能第7次光临。”这让他感到佩服，一点儿不错，自己已经在这家酒店住过6次了。

光阴似箭，一晃3年过去了，王教授一直没有去泰国。有一天，他意外地收到一张贺卡，是泰国那家酒店寄来的，上面写着：“亲爱的王先生，自从3年前的4月16号您离开以后，我们一直没有见到您，我们都很想念您，盼望您有机会时能再次光临。祝您生日快乐！”

王教授收到贺卡的这一天，恰恰是他的生日。他不仅高兴，而且有些激动，立刻给那家酒店回了一封信。信中除了表示感谢之外，还从管理专家的角度写下了这样的感慨：

“我常到各国考察、讲学，在很多国家的五星级酒店住过。要比硬件设施，你们酒店并不是最好的，但要比软件服务，你们酒店是我住过的所有五星级酒店的佼佼者。你们的每一个服务细节都焕发异彩，这些细节使你们整个酒店的服务变得璀璨夺目。你们体贴入微的优质服务，无疑会赢得每一位顾客的心。如果我有机会再到曼谷，一定还会住在你们的酒店。这就是细节的魅力。”

76台不合格的电冰箱

青岛海尔集团董事局主席兼首席执行官张瑞敏走马上任的时候，企业内部管理不善，产品的质量差。其主要产品——电冰箱的市场占有率很低，顾客投诉不断。

当时国内企业确定产品质量的等级是：一等品、二等品、三等品、等外品，还有处理品。产品只要被生产出来了，只要还能转，只要还能用，就能为它找到出路。这样的产品质量政策，导致工人的质量意识十分淡薄。

张瑞敏比一般的企业家更清醒地认识到，质量是产品的生命。不提高工人的质量意识，不树立起“有缺陷的产品就是废品”的观念，海尔集团就绝对走不出困境。

要改变落后的面貌，先改变落后的精神。为了提高工人的质量意识，张瑞敏组织力量从400多台电冰箱中，检查出76台有不同程度缺陷的电冰箱。随后，用这76台电冰箱搞了一个展览会，每一台电冰箱上配了一个标签，上面写着它有什么毛病，是从谁手中生产出来的。然后，将如何处理这76台电冰箱的问题，交给工人们讨论。

大多数工人认为，这些电冰箱虽有毛病，但并不影响使用，可以作为等外品处理，最好是便宜些处理给职工。

张瑞敏力排众议，坚决反对。他说，生产每一台电冰箱都需要经过156道工序，545个工位。一个环节出了质量问题，整个链条都不结实。如果今天开了将不合格电冰箱便宜些处理给职工的口子，将来就可能出现760台、甚至7600台不合格电冰箱。

不寻常的问题，需要用不寻常的办法来解决。他明确提出，必须把这些不合格产品彻底销毁！谁生产的不合格电冰箱，就由谁来砸毁。必须以此为教训，提高每一个工人的质量意识。

当时，许多工人从感情上有些接受不了这个主张。因为砸了这些冰箱是一笔不小的损失，卖了毕竟还能赚些钱。何况工人的生活都很困难，没有奖金，连工资都要去外面借。

尽管许多工人一时还想不通，为了能起到警示作用，张瑞敏还是说服大家，果断下令："把这76台不合格的电冰箱拉到球场，让那些生产这些电冰箱的工人，拿起大锤当众砸毁。"

在大庭广众之下，那些抡着大锤砸毁电冰箱的工人感到羞愧，感到无地自容，但此举给全厂职工以巨大的震撼。正是砸了这76台电冰箱，工人再也不敢对质量问题掉以轻心了。

自此以后，工人真正树立起"有缺陷的产品就是废品"的质量意识，海尔集团的电冰箱质量有了大幅度的提高，市场的占有份额也越来越大，为后来的发展打下了坚实的基础。为了巩固战果，建立长效机制，张瑞敏又制订了13条管理制度，重点还是进一步强化"有缺陷的产品就是废品"的质量意识。

一石激起千层浪。多家新闻媒体从不同角度报道了砸毁76台不合格电冰箱的前前后后。更出乎意料的是，这件事情居然被赫赫有名的哈佛大学选为企业管理的教学案例，其题目就是："有缺陷的产品就是废品"。

"尿布风波"

20世纪80年代，美国生产婴儿尿布的头号厂家——宝洁公司，决定用在美国市场上最受欢迎的婴儿尿布，开拓中国香港和德国的市场。

在一般的情况下，宝洁公司的产品每进入一个市场，都要经过实地试营销，以便发现和解决存在的各种问题。但这一次宝洁公司却胸有成竹地认为，这种尿布已经在美国畅销多年，受到普遍的好评，因此，直接进入中国香港和德国的市场是绝对不会有任何问题的。

非常遗憾，宝洁公司失算了。它没有想到，不同国家在使用婴儿尿布的习惯上，存在着很大的差异。它跨国经销尿布遇到了麻烦，后来被人们戏称为“尿布风波”。

中国香港的消费者反映：“宝洁公司的尿布太厚，没有必要。”

德国的消费者却反映：“宝洁公司的尿布太薄，吸水性能不强。”

同样的尿布，怎么会同时出现“太厚”与“太薄”这两种截然不同的反映呢?

宝洁公司进行了详细的调查，最后发现，婴儿一天的平均尿量虽然大体相同，但在中国香港和德国婴儿尿布的使用习惯却大不相同。

香港的母亲把婴儿的舒适当作头等大事，只要孩子一尿，立刻就换尿布。因此，宝洁公司的尿布显得太厚了。

德国的母亲比较制度化，早晨给孩子换块尿布，到晚上再换一次。于是，宝洁公司的尿布就显得太薄了。

结果一样薄厚的尿布，让不同国家的母亲产生了截然不同的反映。

“尿布风波”的教训，无疑是生动而深刻的。企业面对的永远是不同的市场、不同的环境。只有针对不同的地域风俗、人文特点，找到符合实际的营销对策，才能获得成功。

在瞬息万变的时代，仅凭自我感觉来行事是极不可靠的。脱离实际，实际就会与我们背道而驰。想不到万无一失，就难做到万无一失。不把现实理想化，就能在现实中实现理想。

妙用战火中的机遇

20世纪30年代末期，可口可乐公司已在40多个国家建了装瓶厂，不过可口可乐在欧洲的销售量还很有限。

战争是人类的灾难。二战爆发后，战事影响了美国民用经济，可口可乐公司也难逃厄运，别说增建新厂，就连建有装瓶厂的那些国家，有的成了盟友，有的却成了死敌。

公司董事长伍德鲁夫从老同学那里得到了一条重要的信息：前线的将士非常喜欢喝可口可乐。说者无意，听者有心，智慧可以发现机遇。精明的伍德鲁夫心里豁然一亮，从炮火和硝烟中看到了一个千载难逢的机遇：当地人自然也可以喝这种饮料，这样不就又有两个消费群体了吗？

伍德鲁夫精心策划宣传攻势，命令3个一流的宣传员起草宣传提纲，几经修改，将5万字浓缩成2万字，配上精选的照片，编了一本图文并茂的彩色小册子——《可口可乐在完成最艰苦的战斗任务与学习、休息中的重要性》。小册子强调：在紧张的战斗中，应尽可能地调剂战士的生活；当一名战士在精疲力竭、口干舌燥时，最需要的就是喝一瓶可口可乐。

到了1939年，美国举国上下为参战做准备。伍德鲁夫像一位将军似的下达了一道命令："让每一名战士只花5分钱就能喝一瓶可口可乐，不管他在什么地方，也不管这样做对公司意味着什么。"

这道来自企业的军令般的指示，通过媒体迅速传播开来，甚至影响到美国陆军总部的将军们。他们深信，可口可乐在提高士气方面是至关重要的。在美国士兵冲上战场之前，能喝一口从家乡来的可口可乐，那种心情是难以用语言来表达的。于是，美国最高当局决定：向制造商提出巨额订货，要求他们以优质高产的服务支援反法西斯战争。

1943年6月29日，一封加急电报从艾森豪威尔将军设在北非的盟军司令部发往美国的亚特兰大，电报要求速用海军运输舰运送“能够建设10个可口可乐装瓶厂的设备”。如果军舰因装载军用品而一时无法运送这些设备，就先送300万瓶可口可乐，而且每个月送两次，每次300万瓶，直到装瓶设备运到为止。

6个月后，北非第一家装瓶厂在阿尔及尔投产。大战期间，可口可乐公司共有64套装瓶设备在海外安家落户。在欧洲和太平洋战区，这些设备都尽可能安装在靠近前线的地方，前线官兵消费可口可乐超过50亿瓶。

可口可乐海外生产线的建立，也让战区无数平民百姓第一次品尝到一种全新口味的饮料。当整个世界从战争中恢复的时候，可口可乐“世界第一饮料”的地位也确定下来，为战后的发展奠定了坚实的基础。

战后十几年，是可口可乐又一个高速发展时期。到1962年，全世界有装瓶厂的国家和地区已达160多个，日均销售量在5亿瓶以上，世界市场的占有率高达50%左右，是名副其实的“世界第一饮料”。

1988年，三家独立调查公司联手进行了一项全球调查，在“世界影响最大的十大品牌”中，可口可乐名列榜首。

1996年，美国《幸福周刊》进行调查，从1000家美国大公司中选出“评价最好”的公司，可口可乐公司名列榜首。在“质量管理”“最值得进行长期投资”方面可口可乐公司也均居第一名，并被评为“最好的饮料公司”。

1999年6月22日，英国《金融时报》报道，国际品牌咨询公司评估出的世界知名品牌价值排行榜中，可口可乐以838.45亿美元列第1位。

亚菲反思

有一次，佛罗里达商人亚菲前往日本谈判，他带了一大堆分析日本人精神及心理的书籍上路了。

飞机刚刚在东京着陆，他立刻受到两名专程前来的日本职员彬彬有礼的接待。他们替他办好一切手续，把他送上一辆豪华的轿车，让他一个人坐在宽敞的后座。

亚菲问："你们为什么不同我坐在一起？"

"您是我们的尊贵客人，我们不应妨碍您休息。"日本人毕恭毕敬地回答。

"先生，您会说日语吗？"日本人问。

"哦，不会，但我带了本字典，很希望学学。"

"您是否必须准时乘机回国？我们可以提前做好准备，安排车送您到机场。"

"真周到！"亚菲乐了，把返程机票掏出来让他们看了看。

日本人从中知道了亚菲的行程期限，即准备逗留14天。与此相反，亚菲对日本人的底细却全然不知。

日本人为亚菲安排了一个多星期的游览，从皇宫到神社都看遍了，甚至还安排他参加了一个用英语讲解禅机的短训班。日本人说，这样不仅可以满足亚菲学习日语的愿望，还可以让亚菲更好地了解日本的宗教风俗。

每天晚上，日本人请亚菲跪在地板上，接受他们殷勤好客的晚宴款待，往往一跪就是4个半小时。这让他厌烦透顶，却又不得不连声称谢。但每当亚菲提出谈判的要求，他们就宽慰他说："时间还多，不忙，不忙……”

到了第12天，谈判终于开始了，然而下午却又安排了打高尔夫球。

到了第13天，谈判再度开始，但为了出席一个盛大的欢送宴会，谈判又提早结束。晚上，亚菲急了。

到了第14天早上，谈判重新开始，当谈到紧要关头时，轿车开来了，因为去机场的时间到了。这时，主人和客人只得在汽车开往机场途中商谈关键的条件。就在到达机场时，交易谈成了。

谈判的胜负如何？亚菲无奈、自嘲、幽默地说：“这次交易是日本人自偷袭珍珠港之后的又一次大胜利！”

吃一堑长一智。后来，亚菲总结了这次商务谈判的教训：“具体、微妙、成功的心理战术，不是来自书本，也不是来自学习他人的经验，而是在对手不知不觉中运用起来的智慧和策略，是最贴近对手心理又最能打败对手的手段。要对付它，首先必须时刻坚定自己的目标和方向，然后必须时刻弄懂对手策略的真正意图，这样才能避免陷入被动局面，被人牵着鼻子走。”

小事情中有大道理。2000年出版的《世界商战经典案例》一书，将亚菲同日本人的这次商务谈判收入其中，将亚菲对这次商务谈判教训的总结称为“亚菲反思”。

避开热点觅良机

19世纪中叶，人们在美国加州发现了金矿，随之迅速兴起了一股淘金热。在浩浩荡荡的淘金队伍中，有一个叫亚默尔的农夫。亚默尔经过几个月的淘金生涯，清醒地认识到，自己在器械、财力和体力等方面，与众多淘金者相差甚远，实在难圆淘金发财之梦。因此，他转移目光，另辟蹊径。他发现荒山野谷气候燥热，饮水奇缺，于是决定弃金找水。他经过仔细的勘测，不懈的努力，终于找到了可供饮用的山泉，很快走上了靠卖水发财的致富之路。

有一位商人到桐乡买桐油，但到了桐乡之后，发现桐油供不应求，价格不断上涨，确已无利可图。他想回家，可又不甘心白跑一趟。这时候他想：买桐油的人这么多，装油的桶还没有人收购。于是，他将带去的钱全部买了油桶，然后待价而沽。果然，不久油桶价格上扬，他赚了一大笔钱。

还有一位商人到南方收购茶叶，但到了茶乡之后，发现新摘的茶叶已被先到的茶商收购一空。这位茶商为自己的迟到后悔不已。但他在散步时突然发现，当地大批包装茶叶的竹篓尚无人问津。于是，他以极低的价格把这些竹篓全部收购下来。当先到的茶商待茶农将茶叶制好后，准备向外地运输时，才发现市场上的竹篓紧缺。先到的茶商只好在迟到的茶商这购买茶篓。这位迟到的茶商竟抢先赚了一大笔钱。

回报再丰厚的项目，随着蜂拥而上的人群，也会很快失去魅力。再平常的项目，只要率先被市场所认可，也会形成滚滚财源。

市场是一个供求不断变化的有机整体。市场最亟需的环节，也是最亟需开发的环节。切不可按图索骥，一条道跑到黑。要根据新的情况，寻找新的商机。

很多人错过机会，并不是因为机会没有到来，而是等待中没有发现机会到来，或者机会到来时没有牢牢地抓住它。

机会不仅需要等待，更需要创造、发现和把握。机会的根基是实力。

把专利卖给布什

2004年11月初，美国大选总算是尘埃落定了。出乎众人的意料，中国女留学生黄娅，成了这次大选中一个引人注目的新闻人物，因为她在这次大选中巧妙地赚了270多万美元。《华盛顿邮报》以《巧借大选大赚钞票》为题，热情洋溢地报道了她在商海中的才华与智慧。

2002年夏天，22岁的黄娅从武汉大学毕业，到美国佛罗里达州的大学攻读工商管理硕士。

黄娅是个要强和自立的女孩，一贯主张靠自己赚钱来解决所有的开销。2004年春节过后，她的婚事提上了日程，支出显然将要增加。于是，她聚精会神地捕捉商机。但是受时间、资金等因素的限制，有些前景看好的项目却难以操作。

2004年春季，美国第55届总统竞选紧锣密鼓地开始了。共和党候选人布什和民主党候选人克里的竞选班子各为其主，都在千方百计地推波助澜。黄娅知道，历届总统大选，都蕴藏着巨大的商业机会。她相信这次也绝不会例外，关键是要从中寻找到耗资小且不耽误太多学习时间的好项目。

4月中旬的一个周末，黄娅和未婚夫到康斯维尔市度假。在返回途中因为汽车需要加油，便驶进了公路旁边的加油站。

加油员风趣地问："你是要'布什'给你加油，还是要'克里'给你加油？"

随着加油员的手势，黄娅发现，几条加油管的加油嘴分别换成了布什或克里的头部卡通形状，汽油的出口就是他们"张开的嘴巴"。

黄娅立刻就明白了，美国总统候选人的竞选班子为了拉选票，想尽一切办法讨好、笼络选民，各种办法几乎无所不用，连加油站也没有放过。就这样，公路沿线便出现了一道风景：“布什”和“克里”同时在加油站“金口大开”向选民吐“油水”。

受此启发，黄娅产生了一个灵感：生产、销售印刷有布什、克里头部图案和姓名的太阳帽、小旗子，也一定深受广大选民欢迎。

回到学校，黄娅找来布什和克里的影像资料，和未婚夫一起分别设计出他们的头部卡通形象，图案下方是他们的名字。黄娅设计的帽子以美国国旗为背景，上面有一个象征胜利的V形手势和一句广告语：“我要当美国总统！”根据布什和克里不同的性格和竞选纲领，她别出心裁地在V形手势上做了各具特色的设计：布什的V形手势是用导弹和大炮的变形图案组成的，寓意他积极反恐、强硬外交的铁腕政策；克里的V形手势是用橄榄枝组成，寓意他和平外交、重视福利的温和政策。

简洁大方的设计，既突出了两位候选人的性格特点、政策取向，又突出了他们志在必得的信心，就连周围的选民也普遍认可。所有这一切，无疑为产品畅销奠定了坚实的基础。

精明的黄娅为这些产品申请了专利，并且在这些产品上留下了自己的联系电话。

专利批下来后，黄娅联系了一家工厂生产这些产品，又联系社区选举组织和商场，委托他们出售给选民。产品投放市场后十分畅销，很快就卖出了20多万顶帽子、几十万面小旗子。黄娅和未婚夫初战告捷，赚了一大笔钱。

他们的产品虽然销路不错，但经销网络比较单一，范围也有局限。怎样才能进一步占领市场呢？黄娅想：如果能够借助候选人组织的力量，产品辐射范围将大得多。她知道自己的导师珍妮在美国很有名望，经常接触政界人士。如果能够得到导师珍妮的支持，销路一定会好得多。

于是，黄娅鼓起勇气去找导师珍妮，请求她帮助自己开拓市场。珍妮是民主党成员，非常希望克里能够当选，便将黄娅的想法转达给克里的竞选班子，结果是一拍即合。克里竞选班子立刻表示：只要黄娅不生产、不销售带有布什标志的产品，只生产克里的，他们愿意为黄娅补贴50%的生产费用，并且通过他们的渠道将这些产品销售到美国各地，而产品销售的利润完全归黄娅。这简直是天上掉馅饼，黄娅欣然同意了。

黄娅的产品迅速进入了美国的千家万户，那些带着克里标志的美国人参加各种活动的形象，频频出现在电视、报纸上，“克里”活跃在美国各地。与此同时，美元也源源不断地流进了黄娅的腰包。

异常活跃的“克里”，引起了布什竞选班子的关注和警惕。他们研究认为，黄娅的设计独特新颖，把握了竞选的政策核心，获得了选民的广泛认同。6月下旬的一天，喜从天降，布什竞选班子的人找到黄娅，情愿出85万美元买断她设计的带有布什标志的产品专利。

克里的竞选班子以前只是要求黄娅不生产、不销售“布什”，并没有规定黄娅不能转让“布什”。因此，黄娅转让“布什”并不违背和克里竞选班子签订的协议。赚钱的机会又送上门来了，她当然不愿意放过。

黄娅得到了导师珍妮的支持之后，合法地将“布什”专利转让给布什的竞选班子，又轻而易举地得到了85万美元……

同学们纷纷向黄娅表示祝贺，戏称她“大发选举财”“赚美国总统的钞票”“是把专利卖给布什的人”。

五百强中看小事

日本东京有一家狮王株式会社，生产经销口腔、洗涤、化妆等领域的日用品。到1993年，其销售额达28.9亿美元，利润4000万美元，拥有资产25.5亿美元，员工逾5000人，在全球最大的500家工业企业中排名第483位。虽然在世界500强中的排名有点儿靠后，但也是举世瞩目、难能可贵的。

狮王在生产经营上有什么诀窍吗？天下大事必做于细，请看下面的两件小事。

第一件是关于牙刷的小事。

加藤信三是名急性子的员工，别的不说了，为赶时间，他早起刷牙总是马马虎虎地刷几下就了事。可是越着急越出事，几乎每次刷牙之后，他的牙龈都出血，不得不一个劲儿地漱口。

别看加藤信三干什么都匆匆忙忙，但他很爱思考问题：

为什么刷牙后牙龈会出血呢？如果是我的牙龈有问题，为什么许多人刷牙后都出血呢？他思来想去，突然一拍脑门："哎呀，是不是牙刷有问题呀？"

于是，他拿出放大镜，仔细观察牙刷的刷毛。他猛然发现，牙刷毛的顶端是四方形，很不圆滑，而且有的就像刺儿一样。难怪用它刷牙时牙龈会出血。原因找到后，加藤信三立刻建议公司：应该把牙刷毛顶端改成圆形。

一个小小的建议，让狮王牙刷很快占领了日本市场份额的40%，在国外也颇受欢迎。

当然，加藤信三凭借自己的智慧和积极建议，也得到了加薪晋职。

第二件是关于牙膏的小事。

一次，会长召开会议，还是研究解决公司牙膏销售不旺的问题。其实，以前大家也想了不少办法，但一直收效甚微。

难道真的就没有一个切实可行的办法吗？

这时，一位年轻的经理站起来说："我手中有张纸，纸上写着一个建议，若您采纳我的建议，公司的牙膏销量肯定能上去，但您必须另付我一笔钱……"他开出了一个很高的价钱。

大家几乎是异口同声地发出指责："公司每个月都支付你薪水，还有分红和奖金，现在让你来想办法，你还另要钱，真是太过分、太斤斤计较了！"

会长也有点儿生气了，但主要不是因为他没说建议就要钱，而是因为大家想不出一个好点子。

年轻的经理补充说："会长先生，请别误会，假如我的建议行不通，您可以把它丢掉，一分钱也不必付。"

会长接过那张纸，阅毕，当即如数签了一张支票交给了年轻的经理。

大家惊呆了！怎么一张破纸就值这么多钱？上面究竟写着什么好点子呢？

原来那张纸上只写了这样的一句话："将牙膏的开口直径扩大1毫米。"

大家纷纷嘲笑起来："这叫什么建议？一分钱也不值。"

会长却眉开眼笑："诸位好好算一算，每天早上，每个消费者都用开口扩大了1毫米的牙膏，每天的牙膏消耗量将多出多少倍呀？"

在大家还在计算的时候，会长已经下令更换新的包装了。实践证明，这个决定使该公司一年的营业额增加了32%。

见微可知著。也许加藤信三还不够稳健，也许年轻的经理过于患得患失，但是一位领导者或管理者只有善于发现积极因素，才会有积极的结果。一位领导者或管理者的本事如何，主要不在于他自己做成了多少事，而在于他发动团队做成了多少事。因为，一位领导者或管理者的成绩，集中体现在发动团队所取得的成绩上。

谢绝基辛格的酒吧

耶路撒冷有一个名叫“芬克斯”的酒吧，面积仅30平方米左右。酒吧老板是个犹太人，名叫罗斯恰尔斯。在他的苦心经营下，酒吧的生意日渐兴隆，在当地声誉颇高。

有一天，正出访中东的美国国务卿基辛格来到耶路撒冷，完成公务后，这位大人物突然想私下光顾一下当地酒吧。

在朋友们的推荐下，他选择了“芬克斯”。为给对方一个惊喜，基辛格决定亲自打个预约电话。他自报家门后，以婉转的语气对老板说：“我有10个随员，将和我一起前往，届时能否谢绝其他顾客？”

按常理说，对基辛格这样的世界级政要，仅出于安全考虑，这也是可以理解的要求，何况对任何一个老板来说，这的确是求之不得的好事。谁知罗斯恰尔斯一方面礼貌地接受了基辛格的预约，另一方面则对“谢绝其他顾客”的要求表示无法接受。他说：“您能光临本店，我深感荣幸，但是，因您的缘故而将他人拒之门外，是我无论如何也做不到的，我不能将那些老顾客、老朋友拒之门外。”

对这意外的答复，基辛格几乎怀疑自己听错了，但只能不理解地挂断了电话。

第二天傍晚，“芬克斯”的话筒里又传来了基辛格的声音，语气更加客气，对昨天的失礼表示抱歉后，说这次只带3个随员，只订1桌，且不必谢绝其他客人。

罗斯恰尔斯说：“非常感谢您的诚意，但我还是无法满足您的要求。”

“为什么？”基辛格惊愕得从椅子上站了起来。

“对不起先生，明天是礼拜六，本店例休。”

“但是，我后天就要离开了，您能否破一次例呢？”

“那不行，作为犹太人后裔，您该知道，礼拜六是个神圣的日子，在礼拜六营业，是对神的亵渎。”

基辛格闻后，无言以对，默默地挂断了电话。

一名美国记者获悉此事后，在美国报纸上撰写了一篇很有影响力的文章，题目是《基辛格与芬克斯》。

显而易见，芬克斯酒吧并不是因为谢绝了基辛格才赫赫有名，否则基辛格也不会选中这个“芬克斯”。但世人得知罗斯恰尔斯合情合理地谢绝了基辛格之后，芬克斯酒吧的名声则更大了。芬克斯酒吧连续三年被美国《新闻周刊》选入世界最佳酒吧前十五名之列，一方面得益于平时的苦心经营，另一方面也得益于面对世界级大人物所表现的平等待人、不分贵贱、尊重每一位顾客的高尚职业道德。

戴尔交钥匙

戴尔在上大学的时候，就开始了创业。由于他多年来养成了晚睡晚起的习惯，每天早起按时到公司上班，对他这个年轻人来说，简直是一件很痛苦、很难办到的事情。戴尔是唯一有公司大门钥匙的人，所以每次发现自己睡过了头，匆匆忙忙赶到公司附近的时候，远远地就能看到有二三十人在公司的门口闲晃，等着他开门后进去。

日复一日，戴尔公司很少在早上九点半以前准时开门。后来逐渐有点儿提前，但也只是到早九点才开门。公司做出早八点上班的决定之后，戴尔便明智地把公司大门的钥匙交给别人来保管。

但是，戴尔公司的发展迅速，快得惊人，越做越大，应该交出去的钥匙，显然也不止公司大门这一把。

有一天，戴尔正在办公室忙着解决复杂的系统问题，有个员工走进来，抱怨说：“真倒霉，我的硬币被可乐的自动售货机‘吃’掉了。”

戴尔不解地问：“这种事为什么要告诉我？”

员工理直气壮地说：“因为售货机的钥匙是由您亲自保管的啊！”

那一刻，戴尔明白了，自动售货机的钥匙应该立刻交给别人保管了，一切该交给别人保管的钥匙都应该立刻交给别人保管。

从戴尔交钥匙的故事，可以联想到那个著名的授权定律：上层授权面应占分内工作的60%~85%，中层授权面应占分内工作的50%~75%，基层授权面应占分内工作的35%~50%。很显然，授权是分身术，用贤乃成事诀。

在创业初期，创始人往往要拳打脚踢、事必躬亲，承担许多具体的琐碎事务，或者说要保管许多把钥匙。这也是很正常的事情。但当事业发展到一定规模的时候，许多该交的钥匙就一定要及时交出去。

领导者必须善于授权。善做领导事的领导，才配称为真正的领导。只有放下手里的小篮子，才能腾出手来掌管大江山。

好心10个字，狂赔500亿

千军易得，一帅难求。自从奥利拉出任诺基亚公司主帅，还不到10个年头，诺基亚便迅速夺得了世界手机市场28%的份额，远远超过了自己的两大强敌——摩托罗拉公司和爱立信公司所占市场份额之和。他那通讯器材行业大腕的风采，令昔日同行业的众多巨头相形见绌，望尘莫及。

2000年初，为了实现诺基亚公司“到2002年底，手机用户突破10亿大关”的全新目标，奥利拉不为暂时的得失所左右，主动冒险，放慢连年增长的盈利速度，集中大量的人力、物力和财力，大踏步地向适应信息时代需求的“3G手机”高科技领域昂首挺进。这一“舍小钱而逐大财”的战略转移，的确是极富远见的大手笔，确无任何不妥之处。

然而，大多数市场分析权威人士和众多持有诺基亚公司股票的股民，对其放慢盈利速度却毫无心理准备，对诺基亚公司的市场预期依然居高不下。

大多数市场分析权威人士认为，诺基亚公司的盈利额一年一个新台阶，年年超过市场预期好几倍。仅2000年第二季度的业绩就令人刮目相看——“手机销售额高达49亿欧元，盈利多达12亿欧元，利润率超过25%，而竞争对手爱立信公司的利润率却为-17%；全球手机用户净增5000万户，总数已达到5.7亿户……”

众多持有诺基亚公司股票的股民则兴奋而自豪。自从购买了诺基亚公司的股票，一直沉浸在牛气冲天、大赚特赚的万分欣喜中，“1999年股值一路翻筋斗式地增长了250%，2000年最保守地估计怎么也能增长300%……”

盛极必衰。面对市场分析权威人士和持有诺基亚公司股票股民那高得离谱的“心理预期”，奥利拉的忧患意识日益强烈。

2000年7月27日，在诺基亚公司发布上半年业绩的记者招待会上，奥利拉为了把“过高预期”可能带来的风险降到最低，首先披露了“诺基亚公司上半年的营业额和盈利额，均比去年同期增长了50%以上”的大好喜讯，接着补充了10个字：“下半年盈利增势将趋缓”。试图以此表明对市场和股民极端负责任的冷静态度，表明自己贯彻“降温求清醒，小退求大进”的经营战略之决心。

期望值越高，失望必越快。这好心的10个字，不得好报地引起了市场分析人士和诺基亚公司股票持有者的极度恐慌。一场几乎使诺基亚公司身败名裂的大震荡，以不可阻挡之势爆发了。

一直看好诺基亚公司强劲发展态势的环球驰名投资银行——美国摩根斯坦利银行，早已风闻奥利拉降低盈利求发展的举措，竟然抢在诺基亚公司发布上半年业绩的记者招待会召开前1小时，不负责任地放出建议投资商改收为抛的“刺骨冷气”，弄得奥利拉只有招架之功，难有还手之力。

众多手里攥着诺基亚公司股票的股民，被奥利拉的10个字吓破了胆，把一向视为“香饽饽”的诺基亚公司股票当成了“烫手的山芋”，争先恐后地抛出手里的股票，唯恐被套牢后血本无归。

奥利拉这不慎失言的10个字，使诺基亚公司遭受了无情蹂躏，其股票在斯德哥尔摩和赫尔辛基股市狂泻20%左右，在纽约股市暴跌27%。仅仅一天工夫，诺基亚公司的上市股值就一下子缩水了530亿欧元。

失败同成功一样，都是值得开发的宝贵财富。

话说出口，水泼出门。一言能惹塌天祸，话不三思休出唇！对一个身居高位、举足轻重的决策者来说，好心务必顾及效果，言不可妄发，身不可妄动，慎言比雄辩更重要。

管理之大忌

祝东英小学毕业了，明天就要参加毕业典礼。老师要求同学们穿得干净些、整洁些。于是，他高高兴兴上街买了条裤子，遗憾的是尺码不全，买的裤子长了两寸。他想，长点儿不是大毛病，可以回家请老人帮助改一改，总比旧裤子要强许多。

全家吃晚饭的时候，东英把裤子长两寸的事情说了一下，奶奶、妈妈和嫂子都听到了，其间谁也没有说什么。饭后大家都分头去忙自己的事情，裤子长这件事就没有再被提起。

妈妈睡得比较晚，临睡前想起儿子明天要穿的裤子还长两寸，便不声不响地把裤子修剪后放回原处。

半夜里，狂风大作，窗户“哐”的一声关上，把嫂子惊醒。她猛然想起小叔子的裤子长两寸，自己辈分最小，应该主动去把裤子收拾好。于是她披衣起床将裤子收拾好之后，又安然入睡。

老奶奶觉少，每天一大早醒来给小孙子做早饭，也想起了孙子长两寸的裤子。老奶奶趁水未开的时候，快刀斩乱麻，又将裤腿剪短两寸。

天亮后，东英高高兴兴地穿上了新裤子，没想到裤子竟然短了4寸。实在无奈，他只好穿了一条好一些的旧裤子参加毕业典礼去了。

小男孩这条新裤子的命运对管理者很有启示：谁都来管势必越管越乱，这同谁都不管势必放任自流一样，都是管理工作的大忌。

美国学者德鲁克在《有效的管理者》一书中说得好：“管理者好比是交响乐队的指挥，通过他的努力、想象和指挥，使单个乐器融合为一幕精彩的音乐表演。”

招来机群的客机

1978年12月的一天，美国波音公司董事长威尔逊在他的办公室接到了意大利航空公司总裁诺狄奥的电话。

诺狄奥非常急切地说：“我们公司的一架DC9型飞机不幸在地中海失事，急需购买一架新客机代替这架飞机……”说到这里，有些犹豫，他知道这是一件很难办到的事情。

威尔逊诚挚地说：“我的朋友，你有什么话尽管说好了。”

诺狄奥用十分恳切的口吻说：“如果贵公司能在最短的时间里卖给我们一架波音727型客机，我将不胜感谢。”

听到了诺狄奥的要求后，威尔逊有些为难了。因为波音727型客机属中型飞机，在国际市场上很受欢迎。按常规，订购一架该型号飞机至少需要等两年的时间，迅速交货实非易事。

客户有难，千方百计。放下电话，威尔逊立即召集公司高级职员研究此事。

有的人说：“我们还是回绝吧，时间太短，万一完不成会影响我们的声誉。”

更多的人说：“我们不能因为有风险，就将客户拒之门外。如果不敢担风险，我们就不是波音公司了。”

最后，大家达成了共识：“我们应该灵活处理这件事，力争找到解决这个难题的好办法。”

威尔逊对大家的议论非常满意，指示有关部门立即着手研究出一个雪中送炭的可行方案，尽最大努力满足意大利航空公司的要求。

任务下达后，波音公司有关部门立刻行动起来。他们通过对供货合同的仔细审查，认为可以将已经签订合同的客户按轻重缓急重新做出安排。这样，在不损害其他客户利益的前提下，也可以做到让意大利航空公司满意。

波音公司用最快的速度回复了意大利航空公司：“你们尽可以放心，我们将‘迅速’送去一架新制造的波音727型客机。”

送货上门，服务到家。时间还没到一个月，一架新的波音727型客机就降落在了意大利航空公司的停机坪上。

帮助别人，就是帮助自己。几个月之后，一份订货报告送到了波音公司董事长威尔逊的办公桌上。报告称，意大利航空公司为回报波音公司临危解难的义举，取消了向道格拉斯公司订购DC10飞机的计划，转向波音公司订购9架波音747大型客机。这无疑是一张诱人的订货单，成交额高达5.8亿美元。真是货称主人心，宁愿付重金，一架客机招来了一群客机。

表面看来，波音公司得来这份巨额订货单没有费一点儿工夫，既没有激烈的讨价还价、艰苦的谈判，也没有任何促销支出，但这是他们长期遵循顾客至上原则，为顾客提供优质服务的结果。滴水之恩，涌泉相报，这一点意大利航空公司已经说得非常清楚了。

“一桩生意，七分服务”和“服务是金”的道理，在这个故事里体现得淋漓尽致。

奔驰的魅力

1999年，在美国《财富》杂志上的全球500家最大企业排行榜中，奔驰公司名列第二，年营业收入1546.15亿美元，利润56.56亿美元，资产额1597.38亿美元。举世公认，奔驰公司是德国最大、世界著名的汽车制造公司。

100多年来，为什么奔驰公司具有长盛不衰、永葆青春的魅力呢?

请先看看下面这件小事，也许不无启示。

一次，一个法国农场主驾驶着一辆奔驰货车从农场出发，到民主德国去。他的心情自然很好，因为他驾驶着安全可靠的奔驰货车。

可是，当车开到一处前不着村后不着店的荒野时，发动机突然出现了故障。他又气又恼，自言自语：“难道碰上有名无实的奔驰货车了吗？”生气无济于事，他决定求援，碰碰运气。

他联系上了远在联邦德国的奔驰公司总部。

几个小时过后，天空中传来了飞机声，他万万没有想到，是奔驰汽车修理厂的工程师和检修技术人员坐着直升机赶来了。

他们下了飞机，第一件事就是道歉：“对不起，让您久等了。但现在您不需要等太长时间了，我们完全有把握，很快就可以把汽车修好。”

他们一边安慰法国农场主，一边手脚麻利地维修发动机。

农场主心想，修理费是少不了的，因为他们是开飞机来的。尽管他们的服务态度确实好，技术也相当不错，但开飞机来修车，费用全由自己承担，也真是太高了点儿。他做好了同他们讨价还价的准备。

像他们所承诺的那样，奔驰货车很快就被修好了。

农场主担心地问："多少钱？"

"免费。"

农场主不敢相信自己的耳朵："免费？"

"是的。"

一位负责维修的工程师说："出现这种情况，是我们的质量检验没有做好，我们应当为您提供无偿服务。"

祸兮福之所倚。奔驰公司不仅没收维修费，而且为这个法国农场主免费换了一辆崭新的奔驰货车。

后来，这个农场主将此事的经过和感受写成文章，发表在颇有影响力的《生产、销售与服务》杂志上。文章的题目是《奔驰的魅力》，其中有这样的话："搞好服务，利润自来。一个公司如果能比竞争对手更好地满足顾客的需要，就能受到顾客的高度青睐。"

《生产、销售与服务》杂志在发表此文时，还特地配发了编者按。其中写道："公司应树立这样的理念：服务第一，销售第二，生产第三。把服务和顾客放在第一位，利润也就会处在第一位。顾客的满意，就是最佳广告语；满意的顾客，就是最好的推销员。"

创新也须小心

美国有一个专门生产捕鼠器的公司，从多方面得到了一个信息：近年来老鼠日益猖獗，人们对它们恨之入骨。于是，公司的老板决定生产一种新式捕鼠器，并为此招聘了一批动物生态学家和机械工程人员，决心撸胳膊挽袖子地大干一场。

这些专家仔细研究了老式捕鼠器存在的问题，认为它有三大缺陷：一是构造简单，放置室内容易伤害儿童手指；二是捕过一只老鼠之后，其他老鼠不易上当；三是捕到老鼠后，多数妇女不敢看，更谈不上亲手去处理死老鼠。

他们在老鼠们的咬牙切齿中，研制出来了“完美”的新式捕鼠器，克服了老式捕鼠器的三大缺陷。老鼠喜欢黑暗，或啃钻小洞，或寻找洞口，因此新式捕鼠器在造型上类似一座钟，上有一个足够容纳一只老鼠进入的小洞，钟内藏有一个弹簧圈套，里面是封闭无光的。当内设诱饵时，老鼠便会闻香而进，落入圈套。

新产品研发完成后，经过反复试验，效果奇佳，捕鼠率达到100%。随后，公司立即投资组织大量生产。

这家公司的老板信心百倍，甚至已经想好如何应付商店门前排长龙抢购的局面了。他自认为对新产品前途寄予厚望的理由是比较充分的：新产品的成本与老式的大抵一样，但外形十分悦目——新产品顶端有按钮，捕到老鼠后，只要一按按钮，死鼠便掉落，还可以重复使用。

新的捕鼠器上市后，可以想象，老鼠们是一片哀叹，眼看着大量的兄弟姐妹落入圈套。

但3个月后，老鼠们眉开眼笑了，因为大量的捕鼠器积压在仓库里卖不出去。

老板见此情景，以为是营销不当，急忙组织市场调查。然而，得到的结论是：并非营销问题，而是新产品有两个致命的缺点。一是新产品造型美丽，可重复使用，家庭不会重复购买。二是高收入的家庭，虽然不吝惜钱，但是用后的处理很伤脑筋，不能像老式产品一样，捕到老鼠后一起扔进垃圾桶，扔掉新式捕鼠器还是有些舍不得。捕鼠器公司的老板失算了。从根本上说，产品的生存与发展，完全取决于市场上的消费者。因此企业在创新活动中，应当依照消费者的偏好与习惯来设计产品、营销产品，而不能完全凭着企业自身的想法去经营产品。

不错，墨守成规就是长眠不起，就意味着衰亡。一切美好的事物，无一不是创新的结果。尽管成功离不开创新，但创新却不一定都能成功，创新也须小心。

银塔餐厅

1582年，法国国王亨利三世的侍从，在巴黎塞纳河岬角开了一家优雅的小餐厅。小餐厅装有玻璃的落地窗，可望见巴黎圣母院与西堤岛的壮丽景观。因其石塔在阳光照耀下闪闪发光，由此得名“银塔”。这就是最初的银塔餐厅。

银塔餐厅擅长做鸭子，烹鸭妙法有18种之多，其中最著名的是“血鸭”。

到了1880年，银塔餐厅做的鸭子已经很有名气，与此同时，市场上也出现了不少冒牌的银塔餐厅的鸭子。为了保护自己的品牌，当时的老板弗雷德里克·杰列尔灵机一动，决定为端上餐桌的每一只鸭子都编上号码，并把顾客的名字也一同记入名录里。每一位吃鸭子的顾客都可以得到一张带有鸭子编号的精美卡片，留作纪念。

谁也未曾料想，就是这样一个别具特色的小小举措，竟将银塔餐厅的发展推向了一个又一个崭新的阶段。

就是在纳粹德国占领法国的4年，德军考虑到银塔餐厅的声名太大，也不得不让其照常营业。当时的老板特瑞尔，喂饱了许多德国官兵，德军元帅戈林也曾是常客。当德国军官们在餐厅里把酒畅谈时，特瑞尔总会十分巧妙、不露声色地躲在一旁收集重要信息，然后再设法将整理筛选的情报传递给抵抗法西斯的武装力量。身为“地下通信员”的特瑞尔，那时还有一个代号——“企鹅”。这段热爱和平、忠于祖国的历史，始终是银塔餐厅值得骄傲的一笔。

时间过得真快，到了2003年，银塔餐厅已经卖出了100万只鸭子。为此，餐厅专门举行了一场别具一格的“百万庆典”，以纪念这个不寻常的经营成果。

银塔餐厅的墙上，挂满了名人顾客的照片，包括法国作家巴尔扎克、俄国歌唱家夏里亚宾、著名演员伊丽莎白·泰勒和玛丽莲·梦露，法国国王亨利四世、日本天皇、德意志帝国宰相俾斯麦、英国首相丘吉尔、美国总统肯尼迪和约翰逊，还有许多诺贝尔奖得主。如此多的名流和政要慕名到银塔餐厅用餐、留名、留影，这无疑是一笔巨大的无形资产。据说，仅日本天皇当回头客一事，每年就吸引近万名日本人前来消费。

这些名流和政要餐桌上的鸭子，自然也就变成了历史“名鸭”。在“名鸭”名录中一清二楚地记载着：328号鸭子是在1890年被爱德华七世吃掉的，40312号鸭子则在1914年进了阿尔封斯八世的肚子。喜剧大师卓别林吃的鸭子是253652号，影星伊丽莎白·泰勒吃的鸭子是579051号。最有意思的是日本天皇裕仁，二战时期他吃的鸭子是53211号，50年后又当了一次回头客，吃掉了423900号……这些鸭子能够这样结束自己的一生，也可谓永载“史册”了。

在银塔餐厅的顾客名录里，“顾客就是上帝”这句经营名言，得到了最真实、最具体、最直观的体现。看到自己的名字被细心的店主精心收藏，且与那么多的名流和政要平起平坐，顾客的满意就不只是在口味，更多的是在心里。

436年过去了，银塔餐厅还在卖鸭子，不过已卖出了国际水平，成了巴黎、欧洲乃至整个世界最著名的鸭子专卖店。银塔餐厅的名声经久不衰，顾客络绎不绝。许多到银塔餐厅用餐的人，已经不只是为吃而来，而是要以此餐厅作为珍贵时刻的见证。有的人是为了吃到一只带有吉祥号的鸭子，有的人是为了生日的庆典，有的人是为了结婚的宴请，有的人是为了金婚的纪念……银塔餐厅以其独特的魅力吸引着来自世界各地的顾客，继续谱写着自己的辉煌与浪漫。

在巴黎，“你吃的是第几只鸭？”这不仅是银塔餐厅一句红极一时的广告语，更是一种诚信、尊重和品牌的象征。

共赢街

前年到日本，一位老朋友带我参观了一条都是华人商铺的商业街。人们将这条买卖兴隆的商业街，称为共赢街。老朋友一边陪我逛街，一边给我介绍了共赢街的来龙去脉。

起初，这条商业街只有3家小饭店，店主都是善于经商的浙江宁波人。3个人在到日本之前，就已是结拜多年的好兄弟。他们决心在异国他乡有福同享，有难共担。3家小饭店开业之日，也就是竞争开始之时。精明的客人往往“吃”比三家，逼得三兄弟不得不千方百计地降低成本，提高质量。同行是冤家，再好的兄弟也难免磕磕碰碰。结果3家小饭店都是越办越艰难，几乎到了经营不下去的程度。

后来，三兄弟商议，在市场优胜劣汰的环境下生存、创业，就不可避免地要展开竞争。但这样竞争下去，只能是自相残杀，谁也不能成为真正的赢家，势必三败俱伤。大家应当联合起来，集中力量开好一个店，走共赢之路。于是，他们让细心、精明的老大当家理财，让热情、机灵的老二负责接待，让善于烹饪的老三管理后厨，店名就叫三兄弟饭店。

思路就是出路，思路就是财路。三兄弟饭店越办越红火，名气也越来越大。在日本的华人都敬佩三兄弟的经营才干，更钦佩三兄弟的共赢理念。很快，三兄弟饭店吸引来一批又一批渴望走共赢之路的华人商家。经过十多年的经营，生意就像滚雪球一样越做越大，使这条街道发展成了赫赫有名的共赢街。

听过老朋友的介绍，我建议趁还没到午餐的高峰时间，赶紧到三兄弟饭店去吃顿饭，聊一聊。在就餐的时候，我看负责接待的老二不是很忙，便上前敬了一杯酒，并请他讲讲创业的体会。酒逢知己千杯少，话要投机不嫌多。他索性同我们坐在一起，讲了老大给许多华人讲过的一个故事——新龟兔赛跑。

老龟兔赛跑的故事尽人皆知，连幼儿园的小朋友都知道：兔子骄傲自大，在半路上睡着了，乌龟锲而不舍，后来居上，跑了第一。

可是，新龟兔赛跑的故事到此之后还有下文。兔子不服乌龟，要求比第二次。第二次兔子吸取了教训，一口气跑到了终点，当然赢了。

同样，乌龟输了也不服兔子，对兔子说，咱们比第三次吧。前两次都是按你指定的路线比赛，第三次应该按我指定的路线比赛。兔子想，反正我跑得快，只要我不睡觉，你怎么指定路线我都可以稳操胜券。于是，它们就按照乌龟指定的路线开始了新的比赛。兔子一路遥遥领先，快到终点的时候，被一条河流挡住了去路。乌龟慢慢爬到河边后，轻而易举地游了过去，又得了第一。

三次比赛之后，乌龟和兔子还是互不服气，争得面红耳赤。此时恰好有位德高望重的老者路过，它们请老者评理。老者笑了，说："你们何必像现在这样，非争个你输我赢或我输你赢不可呢？为什么在竞争中拒绝合作呢？如果是在陆地上，乌龟跑不动了，兔子可以驮着乌龟跑一段；如果遇到了河流，乌龟可以驮着兔子游过去。这样一来，岂不是可以扬长避短，获得双赢吗？从此，乌龟和兔子成了好朋友……"

故事刚刚讲到这里，又进来了一批客人，老二抱歉地说了声："失陪！"便又忙开了。

离开三兄弟饭店后，我们玩味着新龟兔赛跑的故事。看来，单赢不如双赢，双赢不如共赢。争得共赢，才是赢得竞争的更高境界。共赢，不仅是商家共赢，还包括客户和社会共赢。这也许是新龟兔赛跑故事的启示，也许是共赢街兴盛不衰的原因。

第二章

关注员工，是他们在创造财富

人不可能没有错误，就是圣贤也有犯错误的时候。宽宏大量地对待平时一贯严格要求自己的助手偶尔犯下的较大错误，在道德上所产生的震撼人心的力量，要比责罚强大得多。

生产名牌与培养员工

在日本松下电器产业株式会社的一次会议上，会长松下幸之助问一名公司的中层雇员：“你在与客户打交道时，如果客户问你，松下的主要产品是什么，你怎么回答？”

在座所有的人都觉得奇怪，很显然，松下的主要产品不就是各种电器吗?

这名下属也不解其意地说：“当然是各种电器。”

他觉得这样的回答是无可非议的。

没想到这名属下的回答，却遭到了松下幸之助严肃的纠正：“这样回答从根本上说是不妥当的。”

会长的话使大家莫名其妙。那么，不是各种电器又是什么呢?

松下幸之助是这样解释和说明的：“如果有人问你们松下主要生产什么，你们必须这样回答：松下主要是培养员工的公司，兼做电器。”

松下幸之助的话使在场的职员受到很大的震动和启发。确如松下幸之助所说，松下是所培养和造就优秀员工的学校，兼制电器。因为在松下幸之助看来，制造电器产品之前，首先要有优秀的员工。如果没有优秀的员工，就不可能有松下的名牌产品。

松下幸之助把培养优秀员工放在第一等重要的位置，把生产名牌产品作为培养优秀员工的必然结果，这种管理思想是很难能可贵的，比起那种只见物不见人的管理办法，真是高明许多。正因为对培养优秀员工的重视，松下电器才能开发出一代又一代的名牌产品，才能发展成为当今世界最大的电器公司之一。

在一切生产经营活动中，人都是最活跃、最重要、最根本的因素。只有培养出优秀的员工，才能生产出优秀的产品；只有培养出名牌的员工，才能生产出名牌的产品。

工人手中的“粉笔”

在早期的棉纺行业中，织布机的线轴上总是粘有一些细小的纤维，许多专家绞尽脑汁也没有找到解决问题的好办法。工人们不得不经常停下机器，清除它们，给生产造成很大损失。

罗伯特·皮尔注意到，厂里有一个叫迪克的纺织工人，其机器总是全负荷运转，从来没有停下来过。

一次，皮尔先生问工人迪克：“你的线轴为什么总是干干净净的，你是如何做到这点的？”

“它们的确总是干干净净的。”迪克自豪地说。

“迪克，你是如何做到这点的？”皮尔先生又耐心地问。

“哈哈，皮尔先生，这是一个秘密。如果我告诉了你，你不就变得和我一样聪明了吗？”迪克风趣地回答。

皮尔笑着回答道：“的确是这样。但是如果你告诉我的话，我会给你一些奖励。你能让厂里所有的织布机都和你的一样吗？”

“老板，我可以让每一台织布机都和我的机器一样不停地转动。”迪克胸有成竹地承诺。

“好，那我该给你什么作为奖励呢？”皮尔问道。

“每天给我一杯啤酒，我就告诉你这个秘密。”

“好的。”皮尔同意了。

迪克在皮尔的耳朵旁边小声说：“在织布机的线轴上涂上粉笔末！”原来如此。这就是秘密的全部内容。

随后，皮尔先生制造了一批在织布机线轴上用的粉笔末。这使他的企业走在所有棉纺行业竞争者的前面。迪克也因此得到了一笔不少的奖金，而不是啤酒。

如果不是皮尔先生的及时发现，迪克这个小小的金点子，大概不会使世界的棉纺行业很快就节省了几百万美元。

管理者日理万机，自然有很多工作要做，但万万不可忘记去发现工人手中那些充满智慧与神奇的“粉笔”。

“管理错误的定律”

松下幸之助年轻的时候，在自行车店给五代老板做助手。店里发生了一件令大家都不愉快的事情：一连十几天，店里的营业额与现金数目都不符。

五代老板调查发现，有一个叫三郎的学徒偷了店里的钱。五代老板非常生气，要辞掉三郎。

三郎哭着恳求说：“我知道错了，以后再也不偷了，求求老板再给我一次机会吧！我若被辞掉，以后可怎么生活呢？”

五代老板心软了，把三郎狠狠地训了一顿，又留下了他。

松下幸之助知道了这件事，主动找到老板，坚决要求辞掉三郎。

五代老板说："三郎还小，知道自己错了，很后悔，给他一个改过自新的机会吧！而且，三郎是你最好的朋友啊。"

松下幸之助严肃地说："不！从大家知道店里的营业额与现金数目不符之后，我曾几次告诫三郎，再穷也不能偷店里的钱。可他却一而再、再而三地偷钱。我不能原谅他，他不再是我的朋友了。如果您不肯辞掉他，他就不能从中吸取深刻的教训，这不利于他彻底改正错误。如果您不肯辞掉他，就请辞退我吧！"

五代老板知道松下幸之助是个很有管理才能的人，加上他的态度如此坚决，只好辞掉了三郎。三郎走时松下幸之助也很难过，但是他忍住了眼泪说："做人一定要守本分，有些事情是一次也不能错的。"

其实，松下幸之助对待有些错误，是很宽宏大量的。

原先任职日本三洋电机株式会社副会长的后藤清一，后来投奔已有"经营之神"美誉的松下幸之助，任一个工厂的厂长。

但是，在他任厂长期间，因人为疏忽引发火灾而烧毁了工厂。火灾发生之后，后藤清一心里十分惶恐，认为自己就算不被革职也会被降级。因为他很清楚，松下幸之助对属下的要求极其严格，甚至连给客户打电话的方式不对，也会遭到他严厉的斥责。这向来是松下幸之助人事管理的风格。

后藤清一隔天拿着检讨报告去见会长松下幸之助，会长看完检讨报告后，并没有责备和处罚他，而是用勉励的口吻说："好好干吧！"这完全出乎后藤清一的意料。

犯下大错却没有受到处罚，后藤清一心中满怀愧疚与感恩，以加倍的努力来效忠公司，成为松下幸之助更加得力的助手。

后来，后藤清一问松下幸之助，为什么会如此宽宏大量地对待自己的重大过错？

松下幸之助坦率地回答了这个问题："人不可能没有错误，就是圣贤也有犯错误的时候。宽宏大量地对待平时一贯严格要求自己的助手偶尔犯下的较大过错，在道德上所产生的震撼人心的力量，要比责罚强大得多。有些用责罚来达到的目的，完全可以用宽容来更好地达到。每个人都应不犯不可原谅的错误，少犯可以被原谅的错误。一般地说，屡教不改的错误，是不可以原谅的错误；知错必改的错误，是可以被原谅的错误。”后来有人把松下幸之助的这个处置错误的主张，称为“管理错误的定律”。

犒赏员工的礼物

在日本，三得利株式会社会长信治郎是一个善于运用激励机制开展工作的人。这个信治郎，只要一有机会就犒赏员工，方式也很特别。他的一些出人意料的奖励，常常让员工心花怒放。

有一次，总务股的一个办事人员，把写错了价格和数量的商品邮件寄了出去。信治郎知道后，马上命令另一个员工将它取回。

这个员工小声地发着牢骚：“我不知道他将邮件投进了哪一个邮筒，叫我做这件事，实在为难！”

信治郎提醒说：“他大概是投入附近的邮筒中了。附近的邮筒，全部集中在船场邮局，你快去取回！正是因为事情不好办，才把它交给你去办。我相信你！”

信任容易产生胜任。那个员工立刻前往船场邮局，费了许多唇舌，最后总算把邮件放在了会长的面前。

“辛苦了！这是给你的。”信治郎露出欣喜的微笑，接着就拿出一份比较讲究的礼物奖赏那个员工。

接着又说：“稍等一下，这是给你母亲的礼物。”

待他转身要退出去时，又说："这是给你太太的礼物。"

拿到了这些礼物，员工心里自然很高兴，鞠躬致谢，正要退出办公室时，又听到会长大喊：

"我忘了，还有一份给你小孩的礼物！"

……

也许有人会说："这一套奖励不能一次都发完吗？"

当然可以，而且省事，但效果不一样。像信治郎那样，把激励分成若干份儿，使得激励内容丰富，形式活泼，也就更能调动人的积极性。

也许还有人会说："这一套奖励不是小恩小惠的小儿科吗？"

如果能持之以恒，并根据不同的业绩拿出不同分量的奖励，那就不能将其看作是小恩小惠的小儿科了，那就是犒赏员工的艺术了。

渴望得到赏识，是人类埋藏最深的本性。没有人不喜欢被赏识，也没有人被赏识之后不尽心竭力地工作。能充分地掌握别人心理和态度的人是豪杰。

请把玻璃窗擦干净

1880年，乔治·伊士曼创建了柯达公司。他常常思考如何将公司做大，如何让员工们积极行动起来，与企业共同发展。因为他深知，没有员工的支持，柯达公司是无法发展壮大的。

1889年的一天，乔治·伊士曼收到一个普通工人写给他的建议书。这份建议书的内容不多，字迹也不优美，其具体的建议是："请生产部门把玻璃窗擦干净。"

对于这样的建议，如果是在以前，乔治·伊士曼会认为是微不足道的事，现在却让他的眼睛为之一亮，因为他从中看出了非凡的意义：这正是员工爱岗敬业精神的体现。他开心地笑了。

于细微处见精神。企业家要有在平凡中发现非凡的能力，许多具有重大意义的事情，都酝酿、产生于司空见惯的事物之中。能不能在细微之处中发现闪光的思想和行为，并予以利用和发挥，是衡量一个企业家是否优秀的一个重要因素。乔治·伊士曼做出了正确的判断与决策："这个建议好得很！立即组织召开隆重的表彰大会，郑重地把奖金发给这个工人。"

乔治·伊士曼通过抓点带面、以小促大，使影响深远的"柯达建议制度"应运而生了。没错，企业家站的高度，就是企业发展的高度；企业家定的方向，就是企业前进的方向。多请员工提出好的建议，势必会有好的收获。

柯达建议制度使"请将玻璃窗擦干净"的爱岗敬业精神，得到了迅速、广泛、持久的发扬光大。在柯达公司的走廊里，每个员工都能随手取到建议表，填好后可以投入任何一个信箱。每份填好的建议表，都能被及时送到专职建议秘书的手中。专职秘书负责将建议送到有关部门审议，做出评鉴。公司里设有专门委员会，负责对建议的审核、批准以及奖励。建议者随时可以拨打电话，询问自己建议的评鉴结果。

柯达建议制度在降低生产成本、提高产品质量、改进制造方法、保障生产安全等管理和经营方面，发挥了难以估量的作用。100多年过去了，柯达公司员工提出的建议接近200万个，其中被公司采纳的超过60万个。鼎盛时期，每年柯达公司员工因提出建议而得到的奖金，在150万美元以上。1983年与1984年柯达公司因采纳合理建议而节约资金1850万美元，公司拿出370万美元奖励建议者，奖金只占节约资金的20%。

柯达建议制度调动了广大员工的积极性，对创立其企业文化的作用更大。建议人在得知建议得到重视后，会产生满足感，工作也会越发努力；即使建议人的建议未被采纳，管理人员也会从中了解职工在想什么，以便进一步加强彼此之间的沟通、谅解与合作。其实，柯达建议制度之所以能调动广大员工的积极性，道理似乎也很简单：没有人不渴望被赏识，也没有人被赏识之后不尽心竭力地工作。这是人的根深蒂固的本性。

柯达建议制度把看似非常简单的东西坚持不懈地做下去，结果做出了不简单；把看似非常平凡的东西坚持不懈地做下去，结果做出了不平凡。曾经，柯达公司的员工逾万人，业务遍及世界各地，产品涉及影像、医疗、资料存储等领域。柯达公司除了生产闻名于世的胶卷外，还有照相纸、专业摄影器材、冲印器材、冲晒设备、影印机、印前制版产品、文件处理系统、航天高科技产品等等。

柯达公司之所以能成为赫赫有名的公司，无疑有柯达建议制度的一份大功劳。善用智者智有余，善借力者力无穷。用制度和机制充分发挥集体的智慧，是任何事业走向辉煌的一个重要法宝。

罐头公司的魅力

美国国家罐头食品有限公司，曾是世界第三大的罐头食品公司。那一年，这家公司决定在俄克拉何马城的分厂招聘100个工人，在招聘广告发布两天之后，竟然收到了4000份申请。

如此罕见的踊跃报名，引起了记者詹姆斯的关注和兴趣：为什么国家罐头食品有限公司有如此巨大的魅力？为了搞清这个问题，他立即展开了采访和调查。

詹姆斯发现，该公司的各级管理人员，都坚持深入工厂与工人谈心，保证每个工人每年至少有一次谈心的机会。公司要求，管理人员要耐心倾听工人的意见，切忌高高在上、闭目塞听和不体察下情。管理人员开展谈心，主要是帮助和启发工人表达自己的思想和情感，而不是高谈阔论、教训别人、以自己为中心。公司总裁率先垂范，有时特地深入车间与上夜班的工人谈心。开展谈心活动，正如著名的“霍桑实验”所揭示的那样，有助于管理人员获取重要的信息，有助于增加工人对公司的信赖与忠诚，有助于工人与管理人员更好地合作。

詹姆斯的报道分析了有趣的“马戏场效应”：国家罐头食品有限公司在亚利桑那州的费尼克斯工厂，搭了一个露天的马戏场，供工人们工作之余消遣娱乐。马戏场为工人提供了交往的场所，给工人带来沟通、合作与愉悦，增进了工人彼此之间的理解和友谊，成了工人的欢乐大本营。在这样一家关心工人的公司，工人是没有理由不努力工作的。马戏场建成3年以后，工人将罐头的日产量从100万个，提高到了接近200万个。

为避免再发生工人猝死在工作岗位上的不幸事件，国家罐头食品有限公司实施了心脏保健计划。公司培训了600多名工人，使其掌握了心脏保健和紧急救护的基本常识。正因为有了这支经过培训的工人队伍，才成功地挽救了两名突发心脏病的工友的宝贵生命。工人认为公司很关心和尊重他们，他们就尽心竭力甚至不顾一切地做好工作。

工人们自豪地说：“整个公司充满了家庭的温馨，在工作中欣赏着悠扬的音乐，节假日还组织旅游、野餐等多种文体活动。公司为工人创造了一个天堂，工人也为自己的工作感到骄傲。”

在詹姆斯结束采访和调研的时候，公司总裁约见了他，并给他讲了一个在不同社会制度的国家或不同政党里都很流行的故事：在希腊神话中，安泰是众所周知的英雄，是海神波塞冬与大地女神盖娅之子。他之所以力大无穷，主要是他在战斗中无力时，只要靠在大地上，就会从大地母亲那里吸取无穷的力量而打败敌人。后来，敌人发现了这一秘密，诱惑他离开了地面，在空中杀死了他……

詹姆斯得出了这样的结论：一个公司的兴衰，人是决定性的因素。以人为中心的管理方式，是国家罐头食品有限公司最显著的特点，也是其充满魅力和长盛不衰的主要原因。

管理者的本领

1903年，日本的钟渊纺织株式会社把一个小木箱挂在车间的墙壁上，让工人把生产中发现的问题反映上来。这个做法，很快被其他的一些工厂借鉴。后来，日本的经营管理专家进行了调查和总结，认为它很有意义，并积极向企业界推广。此后，这种做法便在日本企业中逐渐流行起来了。

日本企业大规模开展合理化建议活动，是在20世纪50年代末期。当时，日本经济正面临一次新的危机，企业为了寻求生路，纷纷发动职工献计献策。

当时的川崎制铁公司曾面临极大困难，在困境中开展了全体员工提合理化建议的活动，结果获得了很多有价值的方案，使企业转危为安，重新振作起来。

随后，川崎制铁公司专门成立了提案制度推进委员会，全面负责组织和推进提案工作；还成立了由管理人员、技术人员和职工组成的审查会，负责对职工的各类建议进行评价，审定后提出上报公司的奖励方案。奖励分几个等级，即特别奖，一、二、三等奖。公司每年都召开职工大会，大会由公司的领导亲自主持，鼓励大家积极提建议，思考和发现问题，并表彰提出有效建议的职工。

20世纪80年代初，川崎制铁公司又提出了提高建议质量的方针，要求以职工小组为单位开展合理化建议活动，让职工在小组活动中相互启发，提出更高质量的建议，并把职工提建议的质量和次数作为提职提薪的重要参考。同时，为进一步完善和充实合理化建议活动，还经常请经营管理专家对本公司进行“会诊”。

川崎制铁公司一直把这个制度坚持至今，每年的建议次数以5%的速度递增，给企业创造的经济效益高达300亿日元。

现在，日本企业的提案箱早已与时俱进、今非昔比，改成了装饰得十分精巧的铝制箱子，挂在淡绿色的墙上，显得高雅而庄重。很多企业还在这类提案箱上写上了口号，如“企业的活力来自每个人的智慧”等。在箱子下面，还放着一沓印好的提案纸和一盒铅笔。

可以说，日本企业已经建立了一套完整的合理化建议制度，成为日本企业推行“全员参与管理”的重要一环。多数企业已形成提案制度增进委员会、提案审查会、职工小组等，并根据每年的经营情况提出当年合理化建议活动的重点和实施方法，年终公布建议成绩和实效。有的企业还制定出合理化建议章程、标语和图案；有的企业还定期发行合理化建议的小册子，供职工参考。很多企业已把合理化建议作为职工培训的重要内容。提案制度研究会每年都组织企业之间开展合理化建议的交流活动，进行各种评选和奖励，以推动全国该项工作的开展。

善借智者智有余，善用力者力无穷。据日本提案制度研究会调查，20世纪90年代日本约有60%的企业实行了这种合理化建议制度，其中大企业达70%以上。1998年全国平均每个职工提建议达147项，平均每家企业由此获得的经济效益为200亿日元。

每个员工都是创意的源泉。一名管理者的本领如何，主要不是看他亲自做成了多少事，而是看他发动大家做成了多少事。

“罗森·布鲁斯定理”

美国罗氏旅游公司的老板罗森·布鲁斯先生，用短短的15个春秋，就把原先费城地区的一个小旅行社，发展成为年营业额高达15亿美元的世界三大旅游公司之一。

罗氏经营之道的独到之处在于：别人把顾客视为上帝，把讨好顾客放在第一位，他却把工作重心放在公司的员工身上。用他自己的语言来概括，就是“员工第一，顾客第二”。

罗氏为了总结自己的成功经验，写了一本书，书名就是《员工第一，顾客第二》。这本标新立异的书，居然成了一本供不应求的畅销书。

其实，罗氏倡导“员工第一，顾客第二”的经营之道，绝不是不重视顾客，而是从一个管理者的角度，揭示如何才能使顾客满意的真谛。

罗氏认为，作为一个公司的首脑，在市场观念上，自然应该确立“顾客第一”的观念。市场需求什么，或者说顾客需求什么，公司才生产什么、销售什么；顾客需要什么样的服务，公司就制定什么样的服务措施。但在经营管理上，则应确立“员工第一”的观念。因为生产靠员工、销售靠员工，员工自始至终是公司市场行为全过程的主体，起着主导和决定的作用。从这个意义上说，倡导“员工第一”，正是为了实现“顾客第一”。

罗氏还用下面的比喻来进一步阐述，如果说顾客站在第二级台阶，那么员工则站在第一级台阶。要到达第二级台阶，必须先迈上第一级台阶。这就是“员工第一，顾客第二”所包含的精妙道理。

反过来说，一个员工素质不高的公司，怎么能生产出高质量的产品呢？怎么对顾客进行微笑服务呢？又怎么提高公司的形象，且不让公司的名声扫地呢？

在“员工第一，顾客第二”思想的指导下，罗氏首要的工作就是建立高素质的员工团队，激发员工们的忠诚与进取心，鼓励员工打破传统，进而营造出一个快乐的工作环境，产生令人震惊的工作成果。

罗氏十分强调，必须把给员工营造一个“快乐的工作环境”与创造“令人震惊的工作成果”紧密地联系起来。因为，没有一个让员工感到满意的环境，就无法创造出令人震惊的效益。或者说，没有员工发自内心的热情与进取心，就无法取悦顾客，使顾客满意。

后来，管理学界将“员工第一，顾客第二”的经营管理主张，称为“罗森·布鲁斯定理”。与此同时，对这个定理做了个简洁的恰到好处的评注：“有了好的员工，不愁没有好的顾客。”

3小时3天筹集300万

星期二的早上，拥有加拿大6家无线电台的总经理鲍伯，召集了公司中层管理人员开会，讨论如何援助前天被飓风侵袭的灾民。

他在黑板上并列写下了3个“3”字，然后解释说：“你们愿意不愿意利用3小时，在3天的时间内，筹集到300万，以帮助被飓风侵袭的灾民？”

会场里一阵沉默。

终于有人开口了：“您的想法太不现实了，恐怕连您自己也知道这是绝对不可能做到的事情。”

鲍伯回答：“请先等等，我现在不是问你们我的想法‘现实不现实’，也不是问你们我的想法‘可能不可能’，而是问你们‘愿意不愿意’。”

大家几乎是异口同声地回答说：“我们当然愿意。”

于是，鲍伯在“333”的下面画了两条路。一条路上写着“根本做不到”，另一条路上写着“如何能做到”。

鲍伯在“根本做不到”的那条路上画了个大叉，然后说：“我们没有时间去想‘根本做不到’，因为那样毫无意义。重要的是，我们应该集思广益，把一切可行的点子写下来，使我们能顺利地达到目的。现在开始集思广益，请大家千方百计地想出如何能做到的办法来。”

又是一阵沉默。

过了好久，才有人开口：“我们制作一个为灾民募捐的广播节目在全加拿大播放。”

鲍伯说：“这是个好点子。”并且随手写下来。

很快就有人提出异议：“这节目恐怕没办法在全加拿大播放，我们没有那么多电台。”

这的确是个问题，因为他们只拥有安大略到魁北克的6家电台。

鲍伯问：“确实，我们没那么多电台，可是我们能不能与其他电台合作？”

忽然有人提议：“我们可以请广播界赫赫有名的哈维·克尔和劳埃·罗伯森来承包这个节目啊！他们有能力促成全加拿大多家电台的联合。”

很快，又陆续出现许多令人拍案叫绝的妙点子。

到了星期三，他们争取到50家电台同意播放这个为灾民募捐的节目。各家电台都表示，要竭尽全力地为灾民多筹集些钱。

哈维·克尔和劳埃·罗伯森承包了这个节目，用短短3个小时的时间，在3天内，如愿以偿地筹集到300万。

在每个人前进的征途上，客观上总会遇到两种选择：一种是“根本做不到”的选择，一定会找出很多理由；另一种是“如何能做到”的选择，也一定会找出很多理由。

当我们放弃“根本做不到”的选择，把精力集中到“如何能做到”的选择上之后，奇迹常常就会出现：当时多数人认为的“不现实”，会奇迹般地变成了现实；当时多数人认为的“不可能”，会奇迹般地变成了可能。

爆炸事故之后

1963年的春天，一名28岁的工程师经历了一生中最为恐怖的事件之一——实验工厂爆炸。

当时，他正坐在办公室里，街对面的实验工厂突然传来了震耳欲聋的爆炸声。爆炸产生的气浪掀开了楼房的房顶，震碎了办公楼所有的玻璃。

他奔出办公室，向实验工厂跑去。

爆炸带来的灾难，比他预想的更严重。玻璃碎片七零八落，大块的天花板掉到了地上，浓烟和尘土弥漫在整栋楼房的上空。不可思议的是，竟没有一个人受重伤。

爆炸前，人们正在进行化学实验。人们在一个大池子里，将氧气灌入一种高挥发性的溶剂中。这时，一个意外的火花引发了这次爆炸。非常幸运的是安全措施起到了一定的保护作用，爆炸产生的冲击波直接冲向了天花板。

这名28岁的工程师，显然有严重的过失。他害怕极了，心怦怦狂跳，汗流浃背。

第二天，他不得不驱车100英里，向集团公司的执行官——查理·里德解释这场爆炸事故的一切。尽管过去执行官对他一直是很信任、很器重的，但他还是做好了最坏的打算。

这是他第一次走进这位执行官的办公室。他知道，这时应该解释为什么会发生这次爆炸，并提出一些解决这个问题的建议。但是，由于过分紧张，他显得有些手足无措。

查理·里德作为一名从麻省理工学院毕业的化学工程博士、公司中级别最高的执行官，是一位有着很高专业素养的杰出科学家。他中等身材，头有点儿秃，眼神中总是流露出智慧的光芒。

查理·里德对技术也同样有着很高的热情，深知在高温环境下做高挥发性气体实验很可能带来什么后果。他通情达理，很快使面前的年轻人平静了下来。

“感谢上帝，没有任何人受重伤。”查理·里德的大度，给这个年轻人留下了极其深刻的印象。

“你们是否应该继续进行这个项目？”查理·里德的表情和口吻充满理解，看不到一丝一毫的不满情绪和愤怒。

“我所关注的是，你能从这次爆炸中学到什么东西，是否能够修改反应器的程序？”年轻人没有想到查理·里德会问这些。

……

当时那个28岁的年轻人，就是后来在全美最受推崇的通用电气公司的董事长和首席执行官——杰克·韦尔奇。他功成名就之后，常常心怀感激地提起查理·里德的宽容与激励。他在自传中回忆那段爆炸事故的经历时，深情地写道：

“当那些尽心竭力工作的人犯了错误的时候，他们最不愿意听到的就是过分苛刻的指责。这时他们最需要的，就是鼓励，就是恢复自信心。”

第36号方案

新中国成立初期，某大学的一个研究室需要弄清一台进口机器的内部结构，可是没有任何有关的图纸资料可以查阅。这台机器里有一个由100根弯管组成的密封部分。要弄清每一根弯管的入口与出口，是一件相当困难和麻烦的事情。

研究室负责人找来了一些相关人员并提出要求，要集思广益完成这一重要任务，既不能拖太长时间，又不能花太多钱。他希望大家广开思路，从多方面去想，不管是洋措施还是土法子，一定要想出一个简便易行的有效办法来。

参与此事者纷纷开动脑筋，先后提出了往每一根弯管内灌水、用光照射等许多办法。有的人还联想起了唐太宗出题考吐蕃赞普松赞干布的特使禄东赞的故事，提出让蚂蚁之类的小昆虫去钻一根一根的弯管。大家想出的办法虽然都是可行的，但都不够简便，不够立竿见影。

后来，这所学校的一位老花匠提出，只需要一支粉笔和几支香烟就行了。他提出的做法是：点燃香烟，深深地吸上一口，然后对着一根管子往里喷。同时，在这根管子的入口处写上“1”；然后看烟从哪一根管子的出口冒出来，便立即也写上“1”。其他的管子也都照此处理。采用这样的办法，100根弯管，不到两个小时便把它们的入口和出口全都弄得一清二楚了。

研究室的负责人说，这位老花匠提出的办法，是第36号方案。

无独有偶。有一次，美国的一段长达1000公里的电话线上，积满了因大雾而形成的凝结物，严重影响了电话通信的正常进行。为了尽快恢复正常通信，负责这一段线路的主管部门向社会各界紧急征集能用最短时间清除凝结物的方案。有关专家和其他人员纷纷应征，提出了不少建议。主管部门对这些建议都不十分满意，因为有的做法烦琐，有的做法耗时过长，有的做法花钱太多。

主管部门通过新闻媒体及时将这些建议做了公开报道，希望能引起公众的进一步关注和讨论，提出更多更好的建议。

后来，一位空军飞行员提出一个方案：驾驶直升机在电话线上空飞行，向下垂直喷射强大的气流，以清除电话线上的大雾凝结物。这一方案经论证试验后被采纳实施，见效快效果好。线路主管部门事后公布的材料显示，这位空军飞行员提出的办法，是他们收到的第36号方案。

两个第36号方案都可以说明，充分发挥集体的智慧，是取得成功的法宝。无摩擦便无磨合，有争论才有高论。善用智者智有余，善借力者力无穷。

最了不起的人

伯肯斯托克曾是IBM公司未来需求部的负责人，是当时刚刚去世的IBM公司第二把手柯克的多年好友。

他知道，好友柯克与IBM第二任总裁小沃森积怨很深，长期不和。他想：物以类聚，人以群分，一朝天子一朝臣，是普遍存在的现象。柯克一死，小沃森肯定会对自己打击报复。与其被人赶走，不如来个痛快，主动辞职。

于是，伯肯斯托克走进IBM第二任总裁的办公室。他瞧了一眼小沃森，毫无顾忌、牢骚满腹地嚷道："柯克去世了，我没有什么盼头了，与其被人赶走，还不如主动辞职……"

奇怪的是，小沃森显得很平静，脸上还有一丝笑意。

伯肯斯托克有点儿紧张了，不是因为害怕，而是有点儿摸不着头脑。

小沃森宽容了他的"叫板"，心平气和挽留他："如果你真行，那么你就不仅能在柯克的手下出类拔萃，而且也能在我的手下出类拔萃。如果你认为我不公平，那你就走；否则，你应该留下，因为这里有许多机遇，这里需要你，我需要你。"

伯肯斯托克似乎在思考，默不作声。

小沃森继续挽留说：“如果我是你，现在的选择就是毫不犹豫地留下来。”

发牢骚并不总是正确的，但认真对待发牢骚却总是正确的。后来事实证明，小沃森留下伯肯斯托克是极其英明的决定。伯肯斯托克是个不可多得的人才，甚至比已经去世的柯克更加精明能干。在推动IBM从事计算机生产方面，伯肯斯托克的贡献最大。当小沃森极力劝说老沃森及IBM其他高级负责人，应加快发展计算机领域时，公司总部里的支持者寥寥无几，而伯肯斯托克却旗帜鲜明地对小沃森说：“打孔机注定要被淘汰，假如我们不觉醒，不尽快研制电子计算机，IBM势必走向灭亡。”

小沃森相信他说的话是对的，两人共同为IBM的计算机生产立下了汗马功劳。

小沃森在他的回忆录中曾写下这样的话：“在柯克死后，成功地挽留了伯肯斯托克，是我有生以来所采取的最出色的行动之一。”

小沃森的高明之处，不只在于挽留了伯肯斯托克，还在于重用、提拔了一批他并不喜欢，却有真才实学的人。

小沃森在回忆录中写道：“我总是毫不犹豫地提拔我不喜欢的人。那种讨人喜欢的助手，喜欢与你一道外出钓鱼的老好人，是管理中的陷阱。我总是寻找精明能干、爱挑毛病、语言尖刻、几乎令人生厌的人，他们能对你推心置腹。如果你能把这些人安排在你周围工作，耐心听取他们的意见，那么，你能取得的成就将是无限的。”

不错，“一人一把号，各吹各的调。没有和谐音，势必全乱套！”但是，“一人一把号，都吹我的调。不吹我的调，一个也不要！”其结果势必是孤家寡人，每况愈下。

在管理者和领导者当中，那些最了不起的人，就是最能爱惜和用好人才的人。

没有无用的人

有一天，一位跟美国巨富梅考克干了20年的老工人，突然性情大变，在公司里酗酒闹事，与工头大吵了一架。这在梅考克公司的规章制度中，是绝不能容忍的事情。只要违反了这一条，不管是谁，都会被毫无例外地坚决开除。

当工头把这位老工人闹事的材料上报后，梅考克犹豫了片刻，但仍旧批写了“立即开除”四个字，并通报表扬了工头。

梅考克毕竟与这位老工人有患难之交的深厚感情，正准备下班后到老工人家里去了解情况的时候，这位老工人却拿着“立即开除”的指令找到了梅考克。他一见梅考克的面，就气呼呼地骂开了：“梅考克，你真不是东西！当年你负债累累，工厂濒临倒闭的时候，3个月没发给我工资，老子照样替你卖命。可现在，你的公司办好了，为了这么点儿鸡毛蒜皮的小事，竟把老子开除了，你梅考克还有没有良心？！”

等这位老工人骂完了，火气消了些，梅考克才平静地说：“我怎么没良心？！我要是没良心，不等你把这些脏话骂完，早就叫人把你揪出去了。”

接着，梅考克又开导他说：“作为一位老工人，公司里的规章制度你不是不知道，更应该带头遵守，可你为什么还要违反？我只是按规章制度办事，难道有什么不对吗？”

接着，梅考克又仔细地询问了老工人闹事的前因后果。原来这位老工人结婚很晚，老婆刚刚去世，留下两个孩子。一个孩子摔断了腿，住进了医院；另一个孩子没有母乳，成天在家里饿得直哭。他一个人心急如焚，毫无办法，只好借酒消愁，待醒来时，被工头抓住，不问青红皂白，把他狠狠地训了一顿。他又急又气，便和工头大吵起来……

“你真糊涂呀！”当梅考克了解了事情真相后，十分惋惜地责备这位老工人，“既然事情已经弄到了这种地步，你现在就什么都不要再想了，赶紧回家料理夫人的后事和照顾孩子。你放心，我梅考克不会让帮助过我的老朋友走上绝路的。”说着，便抽出一沓钱塞在这位老工人的手里，并嘱咐他以后不许再胡来。

老工人十分感激地握着梅考克的手，疑惑地问：“那您收回开除我的命令了？”

梅考克坚决地说：“不，不是那回事，我还是决定开除你，因为你违反了制度，在制度面前必须人人平等。但这并不意味着我见难不帮、见死不救。”

赏罚分明是有效管理的基本法宝。赏之不公，赏多赏少皆生怨；罚之有度，罚轻罚重总相宜。后来，梅考克把这位老工人安排在自己家里的一个牧场当管家。对此，无论是工头和员工，还是这位老工人，都心服口服，十分满意。

工头发自肺腑地说了这样的话：“梅考克的难能可贵之处，是他不仅做到了赏罚公正、分明，而且处理灵活、适度，充满了人情味。看来，没有无用的人，只有不会用人的人。”

赞赏下属的成绩

有一天，著名的钢铁大王、人际关系学专家卡内基接到了一个电话，电话那端传来很忧郁的声音：“喂，请找一下卡内基先生。”

“我就是，有什么事吗？”

“我想请教您一个如何与下属相处的问题。”

卡内基是个很随和、很愿意帮助人的人，他爽快地建议说：“那我们两个人下午两点就在一个小酒吧见面吧。”

他们如约准时见面了。

那人是一个珠宝店的经理，没寒暄几句就开门见山地说：“我想向您讨教，怎样才能与下属相处得更加融洽？”

卡内基问：“你是否经常严厉地教训和责备你的下属？”

“是的，有时我生气时就严厉地批评他们。”

“那么你是否正面激励和表扬过他们？”

“我是个不苟言笑的人，有时我的员工做出了很突出的成绩，我也不怎么表扬。”

卡内基思考片刻之后告诉他：“人在情感上是需要得到表扬和激励的，这是人最基本的天性。当他们受到来自父母或上司公开的表扬和激励时，他们的创造力将是平常的两倍。”

接着，卡内基又建议他：“尽量多正面表扬自己的员工。对他们的工作不满意时，不要大声呵斥他们，要先检讨自己工作的失误。”

这个珠宝店的经理似乎心领神会、茅塞顿开。

一个月以后，他们又相约在同一地点见面。珠宝店的经理十分兴奋地告诉卡内基：

上次谈话后的第二天上班时，他的秘书给了他一份文件，他像平常一样看了一遍，然后有些不习惯地说：“你这份文件写得不错。”秘书听后大吃一惊，脸也红了，但从那以后，秘书工作明显比过去更卖力气了。

当他看到自己的员工在工作时间看杂志时，没有像以前那样当面斥责，而是温和地表示，自己将为大家购进一批和公司业务有关的书籍，供员工在工作不忙的时候翻阅。没想到，那个员工后来竟自觉地改正了上班时间做其他事的习惯。

……

卡内基兴奋地说："能不能赞赏下属的成绩，不仅是一个方法的问题，更是一个胸怀的问题。一个大企业就像是一个大家庭，每一个员工都是家庭的一个成员。人的一切行为都源于对利益的追求，包括物质上的追求，也包括精神上的追求。当下属用其智慧和汗水为领导做出了成绩时，都会渴望得到领导的肯定和赞扬。因此，一定要赞赏下属的成绩！"

分别前，珠宝店的经理诚恳地请卡内基写几句话，以便放在办公桌上告诫和鞭策自己。卡内基几乎是不假思索地写出了下面的话：

"使一个人充分发挥潜能的最好方法，就是真诚地、恰如其分地赞赏他。真诚的、恰如其分的赞赏，可以收到事半功倍的奇效，而教训和责备却常常把事情弄糟。"

我帮你请好医生

在经济不景气的时期，就业难是一个极其严峻的问题。许多员工为了保住饭碗，最怕生病，尤其怕老板知道后把自己炒鱿鱼，但在摩托罗拉公司不是这样。

比尔·阿诺斯是摩托罗拉公司的一名采购员，患了非常严重的牙病，不得不放下工作，因为实在是力不从心。

摩托罗拉总裁保罗·高尔文看到他痛苦不堪的样子，非常同情地说：“你马上去看病，不要再想工作上的事了。你的事由我来办好了。”

比尔·阿诺斯做了手术，而且非常成功。他知道，凭自己目前的收入是根本付不起手术费的，显然是保罗·高尔文替他交了。他从未见到账单，也多次询问到底花了多少钱，保罗·高尔文的回答是：“我会让你知道的。”

比尔·阿诺斯病好之后，更加勤奋地工作。几年后，他的生活大有改善。于是，他又找到保罗·高尔文说：“我一定要偿还您代我支付的手术费。”

保罗·高尔文却说：“你呀，不必再关心这件事了。忘了吧！好好干。”

比尔·阿诺斯说：“我会干得更出色，但我还是要还您的钱……这是为了使您能帮助其他员工医好牙病……当然也包括别的什么病。”

保罗·高尔文说：“谢谢，我先代他们向你表示感谢！”

其实，保罗·高尔文不仅帮助了比尔·阿诺斯，只要听到公司的哪位员工或其家人生病时，他都会打电话询问：“你真的找到好的医生了？如果有困难，我可以帮你请到看这种病的好医生。”

由于保罗·高尔文的努力，许多员工请不来的专家也被请来了。这体现了摩托罗拉掌门人的人格魅力和人本管理思想，体现了对员工的关怀和尊重。

他山之石，可以攻玉。摩托罗拉公司的这种互助互敬的企业精神，并不仅仅是靠硬性灌输形成的。这种灿烂的企业精神之花，无疑有利于结出丰硕的持续发展之果。请看：

1996年，在美国《幸福》周刊评选出来的“美国评价最好的公司”中，摩托罗拉公司居第9位，与惠普公司并列。

1997年10月5日，香港《明报》所评选的“20世纪消费备忘录”中，摩托罗拉生产的移动电话和剃须刀、飞机、复印机、电视等一起被列为影响人类生活形态的18种产品。

1998年度，摩托罗拉销售额达293.98亿美元，跻身世界最大工业公司50强，资产总额287.28亿美元。

1998年11月30日，在英国《金融时报》评选出的“世界声望最佳公司”中，摩托罗拉公司居第32位。

我想到了英国航空公司总裁科林·马歇尔说过的一句话：“如果雇员认为你很关心他和理解他，他就会尽心竭力甚至不顾一切地干好本职工作。”不错，领导者和管理者越是以下属为中心，下属就越会以工作为中心。

改善提案活动

思丹雷电气公司是日本最大的汽车灯具、仪表制造公司。这家公司“治众”有术，为了充分调动职工的积极性，多年来一直推行改善提案活动，使公司的发展取得了极好的成绩。

思丹雷公司的具体做法是，每月进行一次例会，例会由总经理总结上个月的工作情况，部署下个月的工作，介绍市场的变化；由董事长和总经理向参与改善提案活动的职工发奖。每次例会都有手捧奖金和纪念品的职工出现在主席台上，董事长和总经理向他们一一鞠躬致敬，在场的职工以热烈的掌声向他们表示祝贺。那些呈交了提案但未被采纳的职工，此刻也会得到一份小礼品，如毛巾、袜子等，都包装得整整齐齐、美观大方。总经理会恭恭敬敬地发给每一位提案者，向他们表示感谢，并鼓励他们更上一层楼。

思丹雷电气公司的改善提案活动有一整套严密的管理办法：各分公司及各部门都有提案审查委员会和提案推进会负责这项工作。公司印有专门的提案书供职工填写，内容包括议题、改进方法、预期效果。公司明文规定，根据提案产生的效益按比例给予奖金。所有提案由有关部门评估审核，最后做出批复。所批复的意见除了通知本人，有突出价值的提案将在每月的例会上当众宣布，予以奖励。

思丹雷电气公司深深体会到改善提案活动的重要性，故长期坚持开展。由于公司决策层重视，宗旨明确，并有切实可行的管理制度做保证，所以改善提案活动长盛不衰。1988年，全公司共收到72205个提案，平均每位职工提出提案36.6个，比1985年增加了3倍多。在这些提案中，有些的确很有价值，为公司提高生产效率和效益，甚至开发新产品和新市场都起过很大作用，远远超过奖励所花费的钱财。

思丹雷电气公司的改善提案活动，把广大职工的心聚集到了一起，减少了内耗，使得企业广大职工的个人目标与企业目标自觉地保持一致，形成了“百将一心，三军同力”的蓬勃局面，可以说是增强公司向心力、激励职工奋发向上的有效办法。

董事长北野隆兴继承发扬了公司的改善提案活动，在表彰会上说出了深受好评的名言：

“广大职工好比是水，思丹雷电气公司好比是鱼，水失掉了鱼仍然是水，鱼失掉了水却不再是鱼。如果公司失掉了广大职工的支持，那么任何支持都是软弱无力的。改善提案活动就是为广大职工创造一种催人奋进的环境，广大职工在这样的环境中争先恐后，勇往直前，不断地为公司做出更大的贡献。”

不要忘了员工

亨利·约翰·海因茨是亨氏公司的董事长，人称“酱菜大王”。亨氏公司的分公司遍布世界各地，产品种类超过了200种，年销售额高达60多亿美元，是超级食品王国，美国颇有名气的大公司之一。

但一些记者更感兴趣的问题是：为什么其劳资关系被公认为“全美工业的楷模”？为什么亨氏公司被誉为“员工的乐园”？

记者为了寻找答案，就深入公司了解情况，听员工们讲了许多生动而具体的事例。其中一件关于短吻鳄的小事，给他们留下了最为深刻的印象。

有一段时间海因茨的身体不大好，医生建议他到佛罗里达旅游休息。

员工们得知后对他说：“应该好好玩一玩，您太累了，一年到头也难得轻松那么一回。”

出乎大家的意料，他走了没有多久，就提前回来了。

“怎么这么快就回来了？”员工们惊讶地问。

“不与你们在一起，我一个人也没有多大意思。”他对大家说。

员工们很快发现，海因茨指挥一些人，在工厂中央安放了一个大玻璃箱。员工们好奇地走过去看，原来里面有一个大家伙，是只短吻鳄，重800磅、身长14.5英尺、年龄为150岁。

“怎么样，这个家伙看起来挺好玩吧？”海因茨胸有成竹地问。

员工们一致说：“好玩。”

有些员工说：“从来就没有看到过这么大的短吻鳄。”

还有一些员工说：“东西不在大小，而在于一片真心。”

海因茨笑呵呵地说：“这个家伙令我兴奋，给我这次佛罗里达之行留下了最难忘的记忆。请大家工作之余与我一起分享快乐吧！”

原来，这只短吻鳄是海因茨从佛罗里达特意为员工们买回来的。

“不要忘了员工”“与员工一起分享快乐”，这就是记者们从公司员工那找到的答案。

现在，企业领导出国开会、洽谈的机会越来越多，也常带点儿小玩意儿回国，但都带了些什么？送给了谁？是否被员工们所喜欢？读一读、想一想上面这个故事，也许不无益处。“上下同欲者胜。”谁没有好的人缘，好事就会与他绝缘。

第三章 把握成功的法则

非凡的事业，需要非凡的眼光。我们在前进的道路上，与其埋怨缺少那点石成金的邮票和旧钞，倒不如赶紧用智慧擦亮那没有发现邮票和旧钞的眼睛。

经营奥运会之星

成功地举办奥运会，虽是许多国家梦寐以求的事情，但举办奥运会的巨额支出，又常常使各东道主国家的政府大伤脑筋、大伤元气。

人们记忆犹新：1972年慕尼黑举办第20届奥运会欠下的债务，使联邦德国政府久久不能还清；1976年在蒙特利尔举办的第21届奥运会，使加拿大政府承受了比体育竞赛荣辱更大的压力；1980年在莫斯科举办的第22届奥运会，耗资高达90亿美元，亏损更是空前。

1984年7月，在美国洛杉矶市筹备第23届奥运会时出现了危机。美国政府和州政府在宣读了充满激情的感谢信和热情洋溢的欢迎词之后，声称不为此次盛会投资一分一厘。实质上，这是委婉而坚决地拒绝了从财力上给奥运会以支持。

在奥运会的经费无法由主办城市负担的情况下，国际奥委会召开了紧急会议，决定采取商业化的方式筹集经费。奥运会筹备小组经过反复筛选，最后选中了彼得·尤伯罗斯。

尤伯罗斯起初很犹豫。他深知自己在美国算不上实力雄厚的大亨。在奥委会多次的盛情邀请下，他决定冒险一搏，承担起奥运会组委会主席的重任。

他筹资的第一步，是把奥运会的电视转播权作为专利拍卖。众所周知，奥运会的电视收视率极高。精明的尤伯罗斯围绕拍卖电视转播权，策划了一环紧扣一环的竞争。仅此一项，就筹集了2.8亿美元。

他筹资的第二步，是利用各大公司和企业都想借奥运会之机提高自己知名度的心理，调动各大公司和企业争先恐后地提供更多的赞助。他规定，本届奥运会只接受30家正式赞助单位，每家至少赞助400万美元；同时，赞助者可获得本届奥运会某项商品的独家广告权和专卖权。

有趣的是，在吸引胶卷公司赞助时，美国的柯达公司自恃是世界最大的胶卷公司，讨价还价，不愿出400万美元。尤伯罗斯果断决定把赞助权、广告权和专卖权卖给日本的富士公司。富士公司喜出望外，情愿出700万美元。消息传出，柯达公司非常懊悔，斥资1000万美元，买下了奥运会期间全部胶卷广告权和专卖权。对赞助者充满诱惑的广告权和专卖权，使竞争者不断抬高报价，3.85亿美元的巨资，又落入了尤伯罗斯的钱袋。真是早知今日，何必当初！

他筹资的第三步，利用了人们以能举奥运会火炬一跑为人生难得幸事的心理。尤伯罗斯规定，参加圣火传递的接力者，每跑1公里需交3000美元。从希腊的奥林匹克村把圣火空运到纽约，再由众人接力传递到全美国的41个城市和近1000个镇。这样一来，尤伯罗斯又筹集了3000万美元。

此外，尤伯罗斯还想了很多点子，如最佳看台的出售，各种纪念币、纪念品的制造、发行、专卖……尤伯罗斯不放过一点点制造竞争的机会，织下了一张无处不在的竞争之网。一笔又一笔的巨款，源源不断地流入了组委会的账号。

如果说现代奥运会造就了一大批叱咤风云的世界体育明星，那么也可以说，洛杉矶奥运会还造就了一位杰出的经营奥运会的明星——尤伯罗斯。他使全世界的大亨们，为在奥运会上花足、花好自己的钱而不辞辛苦地奔波。

对奥运会组委会主席尤伯罗斯在奥运会闭幕式上的讲话，9.3万观众报以雷鸣般的经久不息的掌声。这是对他没花政府一分钱，不仅没有亏损，反而盈利1.5亿美元的最好评价。

奥运会闭幕了，尤伯罗斯成功了。他在组办奥运会的史册上，书写了扭亏为盈的奇迹。

太阳还是那个太阳，月亮还是那个月亮，圣火还是那把圣火。为什么尤伯罗斯能在奥运会的历史上魔术般地创造了扭亏为盈的奇迹？千秋功业，成败在人；人之成败，又在谋划。好主意指明出路，好主意带来财源，好主意扭转乾坤，好主意创造奇迹。法国作家维克多·雨果说得好：“没有任何东西的威力比得上一个适时的主意。”

妙用失误

有一次，古埃及第四朝法老胡夫举行盛大的国宴，厨工们忙得团团转。一名小厨工不慎将一盆刚炼好的羊油打翻在灶边，吓得他急急忙忙用手把混有羊油的炭灰一把一把地捧起来扔到外边去。扔完后他赶紧洗手，手上竟出现滑溜溜、黏糊糊的东西，而且洗后的手特别干净。

小厨工发现这个秘密后，便悄悄地把扔掉的羊油炭灰捡回来，供大家使用，结果每个厨工都洗得又白又净。

后来，法老胡夫发现厨工们的手和脸洁白干净，没有了往日的油垢，便盘问起来。小厨工如实道出了原委。胡夫试后赞不绝口。很快，这个发现便在埃及全国推广开来，并传到了古希腊和古罗马。在这个发现的基础上，人们研制出了流行世界的肥皂。

1885年，亚特兰大市一个名叫潘伯顿的药剂师以柯树叶和柯拉树籽为基本原料，经过多次的试验，制成了一种具有兴奋作用的健脑药汁。这便是美国最早上市的可口可乐。但可口可乐的销量很低，潘伯顿也非常焦急。

有一天，一位头痛难忍的病人请求服用健脑药汁。店员在配药时，本应向瓶内注入自来水，实际上却误注了苏打水。病人一饮而尽。待店员醒悟过来感到束手无策之时，病人的头痛却止住了。店中人禁不住连声称妙。潘伯顿颇受启发，立即往健脑药汁中加入一定量的苏打水，并在“包治神经百病”的广告旁边，添上了“芳醇可口、益气壮神”等赞语。可口可乐奇迹般地从一种药剂，摇身一变成为风靡世界的上等饮料，其销量与日俱增。

有一个德国工人，在生产书写纸时不小心弄错了配方，生产出一大批不能书写的废纸。他被扣工资、罚奖金，最后还遭到解雇。正当他灰心丧气的时候，他的一个朋友提醒他，让他仔细想一想，能否从失误中找到有用的东西。于是，他很快认识到，这批纸虽然不能做书写用纸，但是吸水性能相当好，可用来吸干器具上的水。于是，他将这批纸切成小块，取名“吸水纸”，投放市场后，相当抢手。后来，他申请了专利，成了大富翁。

在探索和创新的道路上，失误是不可能完全避免的。只有什么也不干的人，才不会有失误。经一番挫折，长一番见识。失误是特殊的教育，是宝贵的经验，是正确的先导，是通往成功的阶梯。这些，早已成为人们的共识。此外，失误还有容易被忽视和特别值得强调的意义：失误的结果，并不都是废物或恶果；有些失误的结果，是歪打正着可以妙用的宝贝。道理很简单，有些宝贝放错了地方，也就成了废物；有些废物放对了地方，也会成为宝贝。失误，就像一盆婴儿用过的洗澡水，当我们倒掉洗澡水的时候，万万不可粗心大意地将婴儿也一起扔掉。

妙用失误，不禁使人联想到千年伟人马克思的一句话：“人要学会走路，也得学会摔跤，而且只有经过摔跤他才能学会走路。”看来，善于巧妙地利用摔跤，也是学会走路的题中应有之意。

从小职员到大老板

恰科年轻的时候，到一家很有名的银行去求职。他找到董事长，请求被雇用，然而没说几句话就被拒绝了。当他沮丧地走出董事长办公室宽敞的大门时，发现大门前的地面上有一个图钉。他弯腰把图钉拾了起来，以免图钉伤害别人。第二天，恰科出乎意料地接到了银行录用他的通知书。原来，就在他弯腰拾图钉的时候，被董事长看到了。董事长见微知著，认为如此精细小心、不因善小而不为的人，非常适合在银行工作，于是改变主意录用了他。果然不出所料，恰科在银行里样样工作都干得非常出色。后来，恰科成为法国的银行大王。

阿基勃特的成长与恰科的成长有相似之处，也是因小事而引起了大老板的关注。

阿基勃特年轻的时候，只是美国标准石油公司的一个小职员。他不在乎人微言轻，只要出差在外住旅馆，总是在自己签名的下面，写上“每桶4美元的标准石油”，在书信和收据上也从不例外。只要他签名，就一定写上那几个字。因此，他被同事们戏称为“每桶4美元”，久而久之，他的真名反而没有人叫了。公司董事长洛克菲勒得知了这个情况后，很感慨地说：“竟有如此努力地宣传公司的职员，我一定要见见他。”于是，邀请阿基勃特共进晚餐。后来，公司董事长洛克菲勒卸任，阿基勃特便成了美国标准石油公司的第二任董事长。

阿基勃特与恰科都是因小事受到大老板的青睐，况且那些小事似乎又都是微不足道、人人能做的。这就使他们从小职员发展成大老板的经历，带上了更加浓重的偶然色彩。不错，在很多方面胜过他们的人一定很多，但其中像他们那样不拒绝平凡而高尚的小事、多少年如一日的人能有几个？像他们那样把爱业、敬业、勤业的热忱化作一种有影响力的企业精神的人能有几个？看来，在他们偶然成功的背后，还是存在某种必然的。那种支配着偶然的必然，很可能是他们高出众人的整体素质。从根本上说，成功总是偶然性与必然性的结合。

1枚邮票和1张旧钞

这里有一个用一枚邮票说服国会议员、挽救败局的故事。

1880年，一家法国公司承包修建一条通过巴拿马的运河。起初，他们信心十足，但是在挖掘的过程中遇到了许许多多意想不到的困难。钱都花光了，他们不得不忍痛暂时放弃了这一工程。

随着国际贸易的日益扩大，美国也急着想修建一条连通美洲大陆的运河，但初选结果不是巴拿马，而是尼加拉瓜。关于运河路线的问题，国会几经争论，到1902年春，议员们下决心，准备批准在尼加拉瓜施工。

布诺·瓦列拉是一位年轻的工程师。他深知，如果不借此良机继续修建巴拿马运河，无疑将造成巨大的损失。他决心单枪匹马地改变国会议员们的意见。他清楚地记得，就在几年前，尼加拉瓜曾发行过一枚印有尼加拉瓜莫莫通博火山的邮票。莫莫通博是一座著名火山，正巧坐落在拟议中的运河路线附近。据说这是座死火山，但为了美化邮票，设计者在火山上画了一缕缭绕的烟环，形同活火山一样。布诺·瓦列拉匆匆跑遍了华盛顿，千方百计找到了90枚这样的邮票。第二天早晨，在每一位国会议员的桌子上出现了一个信封，里面有1枚邮票和布诺·瓦列拉的附言：“尼加拉瓜火山活动的官方见证。”

布诺·瓦列拉的举动对具有商业头脑的美国国会议员的震动很大，他们改变了主意，决定投票赞成接过尚未过期的法国合同，继续修建穿过巴拿马的运河。

布诺·瓦列拉是用“晓以利害”的方法说服了国会议员。令人叹服的是，瓦列拉使用尼加拉瓜官方发行的邮票做证明，说服力则不言而喻了。

这里还有一个用一张旧钞争取订单、打开局面的故事。

1970年，韩国巨富郑周永投资创建蔚山造船厂，要造100万吨级的超大型油轮。对于造船业来说，郑周永可说是一个完完全全的门外汉，但他却信心十足地认为：“造船，和造发电厂一样，总是由不会到会，从不熟悉到熟悉，没有什么了不起的！”没多久，他就筹措了足够的资金，做好了各种准备，只等客户来订货了。

但订货单可没有如预想的那么容易得到。当时，没有一个外商相信韩国的企业有造大船的能力。怎么办？郑周永为此冥思苦想，终于，他想出了一招：从一大堆发黄的旧钞票中，挑出一张500元的纸币，纸币上印有15世纪朝鲜民族英雄李舜臣发明的龟甲船，其形状极易使人联想到现代的油轮。而实际上，龟甲船只是古代的一种运兵船，李舜臣就是用这种船大败日本人，抵抗了丰臣秀吉的侵略。郑周永随身揣着这张旧钞，四处游说，宣称朝鲜在400多年前就已具备了造大船的能力，现在完全有建造现代化大油轮的能力。经他苦口婆心地这么一游说，外商果然信以为真，郑周永很快就拿到了两张各为26万吨级油轮的订单。

订单到手后，郑周永立即率领职工日夜不停地苦干。两年过后，两艘油轮竣工了，而蔚山船厂也真正建成了。

郑周永以一张旧钞游说外商，无中生有，获得信任，令人叫绝。

非凡的事业，需要非凡的眼光。再光明、再有前途的道路也是曲折的。几乎每个人都会陷入山穷水尽的逆境，每个人都会遭遇进退维谷的厄运，但只有少数优秀的人才能走向柳暗花明，走向天高海阔。我们在前进的道路上，与其埋怨缺少那点石成金的邮票和旧钞，倒不如赶紧用智慧擦亮那没有发现邮票和旧钞的眼睛。

失败像一座学府

在美国，有一位收藏家名叫诺曼·沃特。他看到众多收藏家为收购名贵物品而不惜千金，灵机一动：为什么不收藏一些劣画呢？于是，他收购两种劣画：一种是名家的“失常之作”，另一种是价格低于5美元的无名人士的画。没多久，他便收藏了200多幅劣画。

1974年，他在报纸上登出广告，声称要举办首届劣画大展，目的是让年轻人在比较中学会鉴别，从而发现好画与名画的真正价值。

沃特的广告广为流传，成为人们茶余饭后的一个热门话题。人们争先恐后地参观，有的甚至从外地赶来。出乎人们的意料，这一次画展非常成功。

还有一个与“劣画大展”很相似的创意，就是“失败产品陈列馆”。

美国有一家市场情报服务公司，其经理叫罗伯特。他酷爱收藏，共收集了7.5万件“失败产品”。后来，罗伯特又试着创办了一个“失败产品陈列馆”。这个陈列馆把许多企业和个人费尽心机研制的，又因种种原因失败的产品展示出来。参观的人络绎不绝，收获可以用爱迪生的话来概括：“失败也是我所需要的，它和成功对我一样有价值。只有在我知道一切做不好的方法以后，我才知道做好一件事的方法是什么。”罗伯特取得了意想不到的成功。

还有一个更让人拍案叫绝的展览，就是设在殡仪馆的“参观室”。

在美国，尽管交通管理部门、宣传媒介和学校教师不断地教育青少年切勿酒后驾车，可实际上收效不大，仍有不少青少年酒后驾车，由此造成的车毁人亡的悲剧仍然频频发生。

为减少酒后驾车的悲剧，美国某市的市政当局试着用参观尸体的办法，来惩罚因酒后驾车而引发事故的初犯青少年，即强迫他们去“参观”因酒后驾车引发事故而丧生的人。市政当局在一家殡仪馆设置专门的“参观室”，室内停放着因酒后驾车而引发交通事故的死者尸体。那些酒后驾车的青少年“参观者”，最初大多没把这种“学习”当一回事。但当验尸官让他们“参观”一具具可怕的尸体时，他们大为震惊。此时，一名训导官便晓之以理、动之以情地对酒后驾车的青少年进行教育：为了让自己和别人不被抬入这可怕的停尸房，必须立即坚决杜绝酒后驾车的行为！

该市的做法，果真取得了非常理想的效果：凡“参观”过停尸房的青少年初犯者，99%的人不敢再酒后驾车。

失败，像一座只对诚心深造的人才开放的学府。在这座失败的学府里，真理的光芒显得格外明亮，足以照耀人们化险为夷、反败为胜的道路。

机遇有些像桃花

有不少人努力了半辈子也没有成功，于是便自动放弃了。其实，在这个时候，成功很可能距他只有一步之遥。

有一位子承父业的商人，做珠宝生意。可是他缺乏父亲对于此道的精明与干练，没过几年，便把父亲交给他的全城最大的珠宝商场赔光了。

后来，他又尝试做了服装生意、化妆品生意、钟表生意、印染生意，都无一例外地失败了。

这个时候，他已经52岁。从接手父亲的珠宝生意之后，在25年的宝贵年华里屡战屡败。灰白的双鬓似乎告诉他：他没有丝毫经商的才能。

他盘算了自己的家底，所剩的钱仅仅够买一块离城很远的墓地。

他彻底绝望了。既然自己没有能力创造财富了，就买块墓地留给自己身后使用，等到哪一天命归西天，也算有块安身之地。

这墓地是一块极荒僻的土地，离城有5公里远。不用说有钱的人，就连一些穷人也不愿意买这样的墓地。

可是，奇迹发生了。就在他办完这块墓地的产权手续后的第15天，这座城市公布了一项建设环城高速公路的规划，他的这块墓地恰恰处在环城高速公路的内侧，紧靠一个十字路口。道路两旁的土地一夜之间身价倍增，他的这块墓地的身价更是涨了一百多倍。有意栽花花不开，无心插柳柳成荫。他做梦也没想到，他靠这块墓地发了财。

他顿悟，自己为何不做房地产生意呢？说做就做，他卖了这块墓地，又购买了一些认为有升值潜力的土地。仅仅过了5年，他便成为全城最大的房地产开发商。

一个小小的机遇，可以改变一个人的命运。很多时候，机遇就在生命的前方等待着，关键是你能否发现它。

对待机遇，不仅要善于等待，善于发现，而且更重要的是要善于创造。创造机遇的滴滴汗水，可以转化为宝贵的串串珍珠。

洛克菲勒家族就曾经种下过一粒谋略的神奇种子。那是第二次世界大战结束不久，战胜国决定成立一个处理世界事务的联合国。可在什么地方建立这个总部，一时间颇费思量。总部地点理应选择一座繁华都市，可在任何一座繁华都市里购买可以建设联合国总部庞大楼宇的土地，无疑都需要很大的一笔资金，而刚刚起步的联合国总部的每分钱都肩负重任。就在各国首脑一筹莫展的时刻，洛克菲勒家族听说了这件事，果断出资870万美金在纽约买下一块地皮，在人们的惊诧中无条件地捐献给了联合国总部。

联合国总部大楼建起来后，四周的地价立刻飙升。洛克菲勒家族早有谋划，在买下捐赠给联合国总部那块地皮的同时，也买下了与其毗邻的大片地皮。给人芝麻，得了西瓜。没有人能够计算出洛克菲勒家族凭借毗邻联合国总部的地皮，究竟收获了多少个870万美金的回报。

有位名人在剖析某些商人的赚钱手法时，幽默而深刻地说：“‘商人’就是‘伤人’。”可是，不能不让人佩服洛克菲勒家族，因为在其帮助建设联合国总部的同时，使自己获得了巨大的利益。洛克菲勒家族用爱心的春花，迎来了丰硕的秋实。这是一种睿智，是一种胆识，是远见卓识的大手笔。

机遇有些像三月的桃花。三月桃花朵朵鲜，蜜蜂采花花才甜。风雨过后花落地，不讲人嫌路也怨。机遇不会帮助准备不周的人，只会垂青那些懂得怎样追求她的人。

“推销之神”的批评会

原一平被尊称为日本保险业的泰斗、“推销之神”。可当年在求职时，他却被认定为“只是块干不好推销保险业的材料”，甚至险些被“关”在门外。因为他身高只有145厘米，体重仅50公斤，才不出众，貌不压人，人们奚落他是个“矮冬瓜”。

在27岁时，原一平总算挤进日本明治保险公司，开始其推销生涯。当时，他穷得连中午饭都吃不起，经常露宿公园。

有一天，他向一位老和尚推销保险，自认为老和尚必买保险。可是等他滔滔不绝地讲完之后，老和尚却平静地说：“听完你的介绍，丝毫引不起我投保的兴趣。”原一平听到这样的回答，立刻怔住了。

老和尚注视原一平良久，接着说：“人与人之间，像你我这样相对而坐的时候，你一定要具备一种强烈吸引对方的魅力。如果你做不到这一点，将来就没有什么前途可言了。”原一平哑口无言，冷汗直流。

老和尚又说：“年轻人，从现在开始努力改造自己吧！”

“改造自己？”原一平不解其意地自言自语。

老和尚又说：“是的，要改造自己首先必须认识自己，你知不知道自己是一个什么样的人呢？你在向别人推销保险之前，必须先正视自己，认识自己，将自己培养成为一个具有超凡魅力的人。”

“正视自己？认识自己？”

“是的，赤裸裸地正视自己，毫无保留地彻底反省，然后才能认识自己。”

原一平逐渐地理解了老和尚的点拨，领悟了推销的真谛。无论从事任何事业，成功都始于“认识自己，改造自己”。只有成为富有超凡魅力的人，才有可能去改造别人，让别人接受自己的建议。

可如何才能认识自己，改造自己呢？

为了认识自己和改造自己，他精心策划了“原一平批评会”。批评会每月在安静的小饭馆里举行一次，每次5人，边进晚餐边征求意见。

第一次批评会，他请关系较好的投保户参加。客户们提的尖锐意见，几乎让他感到无地自容：

——你个性太急躁了，经常沉不住气。

——你脾气太坏，而且粗心大意。

——你太固执，常自以为是，应多听别人的意见。

——你太自私，爱耍手段、玩花招。

……

每一次批评会，原一平都感觉自己像被剥了一层皮，但每一次批评会之后他都洗心革面，认真改正。不断地改正自己的缺点，就是不断地站在前进的新起点。久而久之，他能泰然地对待一切批评，闻过则喜，闻善则拜，有则改之，无则加勉。随着缺点的减少，他日臻成熟、完善起来。

雨水能使大地焕然一新，批评能使人的事业焕然一新。十年磨一剑，泰山不可挡。原一平在10年间陆续举办了72次批评会。随着他的修养提高和魅力增强，推销业绩也迅速提升。他的业绩从默默无闻跃居为全国第二位，终于成为世人公认的推销大师。

用比自己更优秀的人

约翰·亚当斯是美国历史上的第二位总统，为美国的独立立下过汗马功劳。

亚当斯在接替华盛顿就任总统时，美国正面临着与法国关系破裂的危险。到了1797年底，两国处于剑拔弩张、一触即发的交战前夕。

常识告诉亚当斯，要打胜仗，必须要有得力的统帅指挥。有很多人劝他亲自统率军队，但他认为自己并不具有军事上的特别才能。思来想去，他认为华盛顿才是唯一能够唤起美国军魂、团结全美人民的统帅。最后，他下定决心请华盛顿出山。

亚当斯的亲信们得知后，一致表示反对。他们认为，如果华盛顿复出，会再次唤起人民对他的崇敬和留恋，这样势必对亚当斯的威望和地位造成威胁。

千军容易得，一帅最难求。亚当斯毫不动摇，认为国家的利益和命运高于一切。他授权汉米尔顿立即给华盛顿写一封信，请求华盛顿再次担当大陆军总司令，指挥美军打败入侵者。

与此同时，他又亲自给华盛顿写了封信。信中诚恳地写道："当我想到万不得已而要组织一支军队时，我就把握不准到底是该起用老一辈将领，还是起用一批新人，为此我不得不随时向您求教。如果您允许，我们必须借用您的大名去动员民众，因为您的名字要胜过一支军队。”

华盛顿收到信后很受感动，表示愿意立刻肩负重任。幸运的是，就在华盛顿准备率军出征的前夕，亚当斯终于通过外交斡旋的途径同法国达成了和解。

这件事被美国人民传为佳话，亚当斯的正直与豁达也被广为传诵。后来，有位著名的记者采访他，问道：“您为什么不怕华盛顿复出会再次唤起人民对他的崇敬和留恋，进而威胁您的威望和地位？为什么敢于起用比自己更优秀的人？”

亚当斯开始没有正面回答，而是先给这位著名记者讲了自己少年时的一件事。

“年幼的时候，父亲要我学拉丁文。那玩意儿真无聊，我恨得牙痒痒。因此，我对父亲说，我不喜欢拉丁文，能不能换个事情做？”

“好啊！约翰，”父亲说，“你去挖水沟好啦，牧场需要一条灌溉渠道。”

于是，亚当斯真的到牧场去挖水沟。可是，拿惯笔的人，拿不惯锹。那天晚上，他就后悔了，整个身子疲惫不堪。只是他的傲气不减，不愿意认错。于是，他咬紧牙关又挖了一天。傍晚时，他只好承认：“疲惫压倒了我的傲气。”他终于回到了学拉丁文的课堂上。

在以后的岁月里，亚当斯一直记着从挖水沟这件事中得到的教训：必须承认人有所长，也有所短；人有所能，也有所不能。认为自己样样都行，实际上是不自量力。

亚当斯深有体会地说：“真正出色的领导者，绝非事必躬亲，而是知人善任，特别是敢于起用比自己更优秀的人才。如果高层领导者事无巨细，一概包揽，那只能成为费力不讨好的勤杂工似的领导者。”

正是因为亚当斯知人善任，才能凭借众多的优秀人才，特别是凭借那些比自己更优秀的人才，一步一步地攀登上了成功的巅峰。

善用短变长

美国柯达公司在制造感光材料时，需要有人在暗室工作。但视力正常的人一进入暗室，犹如司机驾驶着失控的车辆一样不知所措。针对这种情况，有人建议：盲人习惯在黑暗中生活，如果让盲人来干这种工作，定能提高工作效率。于是，柯达公司经理下令：将暗室的工作人员全部换成盲人。

在暗室里工作，盲人远远胜过正常人，真可谓善于用人短变长。柯达公司巧用盲人这一举动，不仅提高了劳动生产率，给公司增加了利润，而且给公众留下了不拘一格"重用人才"的良好印象。很多优秀的大学毕业生、硕士、博士毕业生和专业人才，都争先恐后地到柯达公司效力。柯达公司的产品曾在几百个国家和地区畅销无阻，经久不衰。这与柯达公司善于不拘一格重用人才是分不开的。

金无足赤，人无完人。有高峰必有深谷。世界上只能找到适合做某项工作的人才，很难找到完美无缺的全才。与人类已有的知识、经验、能力的总和相比，任何伟大的天才都只是沧海一粟。

尺有所短，寸有所长。一位哲人说得好："垃圾只是放错了地方的宝贝。"梅须逊雪三分白，雪却输梅一段香。

列宁说："人们的缺点多半是同人们的优点相互联系的。"有无相生，难易相成，长短相形，高下相倾，音声相和，前后相随，一切事物的两极都是相通的。在一定的条件下，一个人的优点可以变成缺点，一个人的缺点也可以变成优点。

容人之长、用人之长不易，容人之短、用人之短更难。让吹毛求疵的人去检查质量，让争强好胜的人去冲锋陷阵，让好抛头露面的人去搞公关……就有利于这些人扬长避短，使短处转化为长处。

事业要发展，不仅要善于容人之长、用人之长，而且要善于容人之短、用人之短。日本的川口寅三在《发明学》一书中提出了“善用缺点”的主张，并强调说：“甚至可以认为，人类能取得多大的成就与能否巧用缺点有关。”

人才如花。艳花大多不香，香花大多不艳，艳而香的花大多有刺。艳者取其艳，容其不香；香者取其香，容其不艳；艳且香者取其艳香，容其有刺。

善用人者无废人，善用物者无弃物。

请总统夫人撰稿

约翰逊出生在美国一个贫寒的黑人家庭，但他从小就立志要成为一名出色的出版商。

23岁那年，约翰逊向着自己的目标迈出了关键的一步。他以母亲的家具做抵押，得到了500美元的贷款，然后独自在芝加哥开办了一家出版公司，创办了一份杂志——《黑人文摘》。

约翰逊经过精心策划之后，决定以“假如我是黑人”为主题组织一系列文章，进而为他的《黑人文摘》开辟市场。他深知，如果能请到罗斯福总统的夫人来写一篇文章是最好不过的了。于是，他便给她写了一封信。总统夫人回了信，说她太忙，没有时间写。但是，她没有说不愿意写。

约翰逊没有灰心，没有退缩。过了一个月，约翰逊又给她写了一封信。总统夫人又回了信，还是说她太忙。从此以后，他每个月都坚持给她写信。她也总是回信说，忙得连一分钟的空闲时间都没有。

约翰逊屡战屡败，但他依然相信，只要诚心诚意地继续坚持请她撰稿，总有一天她会被感动，总有一天她会挤出时间撰稿。

有一天，约翰逊在报上看到总统夫人来到芝加哥的消息，就决定再试一次。他又发了约稿信，问她是否愿意在这个时候给《黑人文摘》写一篇文章。总统夫人此时正好有一点儿空余时间，欣然接受约稿，把自己的想法精心地整理了出来。

总统夫人在《黑人文摘》上发表文章的消息传出后，该杂志的发行量在一个月的时间内就由5万份猛增到15万份。

这，就是约翰逊的出版事业开始走向辉煌的转折点。

约翰逊胜在有目标。一个人追求的目标越高、越实际、越可行，他的才能也就发展得越快，对社会的贡献也就越大。胸中没有大目标，一根稻草压断腰；胸中有了大目标，泰山压顶不弯腰。

约翰逊胜在坚持。一分耕耘一分收获，一个人成就的大小常常取决于他持之以恒的程度。

约翰逊胜在真诚。至诚如神，一两重的真诚胜过一吨重的巧诈。

思路就是出路

有一家银行，要求广告公司做出一个与众不同、别具匠心的旅行支票的广告。广告公司主管的压力很大，他召集同事说：“这次旅行支票的广告，上面很重视，要求我们必须拿出不同凡响的东西来。我打个比方好了，这个旅行支票广告一面世，就要像歌星麦当娜上街一样引人注目。”

广告部的同事听后，个个感到担子很重，因为要找到如此吸引人的好创意谈何容易。

大家加班加点，绞尽脑汁，可是想出来的点子远远不能令人满意。

一天中午，几位同事一起出去吃完午餐后，四处闲逛，看看能不能找到什么灵感。

忽然，大家看到前方一片骚乱，于是也都跑上前去看看发生了什么事情。原来是警察抓住了一个扒手，不少行人都围拢过来看热闹，不少远去的行人也频频回头。

“对啊！这不就跟麦当娜上街一样引人注目吗？”一位同事突然情不自禁地喊出声来。

大家眼睛一亮，一边听着这位同事谈着他妙手偶得的创意，一边快步走回办公室。

过了些日子，这家银行推出了一个不但在报刊上刊登，而且在车站等公共场所也广泛粘贴的广告：

图：一个扒手正将手伸入游客的口袋。

文：你将目睹一宗罪行。

黑体字：使用我们的旅行支票可以预防这种罪行。

这张广告家喻户晓，深入人心，为旅行支票的广泛使用发挥了鸣锣开道的作用。广告公司主管要求的“麦当娜效应”实现了！

无独有偶。纽约有个年轻人摩斯，在纽约市的一个热闹街区租了一个店铺，满怀希望地择了个吉日开始做起保险柜的买卖。然而，生意惨淡，虽然店里各种各样的保险柜排得整整齐齐，每天有成千上万的人在他的店前走来走去，但是很少有客人光顾。

看着店前川流不息的人群，摩斯思来想去，终于想出一个走出困境的办法。

第二天，他匆匆忙忙从警察局借来正被通缉的重大罪犯的照片，并把照片放大好几倍，然后把它们贴在店铺的玻璃上，照片下面附上一张缉拿罪犯的说明。

照片贴出来后，来来往往的行人都被照片吸引，纷纷驻足观看。人们看到了逃犯的照片，产生了一种恐惧心理，本来不想买保险柜的人，此时也想买一台。因此，摩斯的生意很快出现了明显的转机，滞销变成了热销。就这样，山重水复疑无路，柳暗花明又一村。保险柜头一个月卖出48台，第二个月卖出72台，以后每月都能稳定地卖出七八十台。

不仅如此，因为他贴出了案犯的照片，使警察局得到了价值非凡的线索，顺利地缉拿了案犯。因此，摩斯还荣幸地领到了警察局的表彰奖状，报纸也做了大量的报道。他也毫不客气地把表彰奖状连同报纸一并贴在玻璃窗上，可谓锦上添花，生意更加红火。

天底下的事情没有绝路，只有出路。好的思路，就是好的出路。

把梳子卖给和尚

有一家效益相当好的大公司，决定进一步扩大经营规模，高薪招聘营销人员。广告一打出来，报名者云集。

面对众多应聘者，大公司招聘工作的负责人说："相马不如赛马。为了能选拔出高素质的营销人员，我们出一道实践性的试题，就是想办法把木梳尽量多地卖给和尚。"

绝大多数应聘者感到困惑不解，甚至愤怒：出家人剃度为僧，要木梳有何用？岂不是神经错乱，拿人开涮？没过一会儿，应聘者接连拂袖而去，几乎散尽。最后只剩下3个应聘者：小伊、小石和小钱。

大公司招聘工作的负责人对剩下的这3个应聘者交代："以10日为限，届时请各位将销售成果报给我。"

10日期到。

负责人问小伊："卖出多少？"答："1把。""怎么卖的？"小伊讲述了历尽的辛苦，以及受到众和尚的责骂和追打的委屈。好在下山途中遇到一个小和尚一边晒着太阳，一边使劲挠着又脏又厚的头皮。小伊灵机一动，赶忙递上了木梳，小和尚用后满心欢喜，于是买下一把。

负责人又问小石："卖出多少？"答："10把。""怎么卖的？"小石说他去了一座名山古寺。由于山高风大，进香者的头发都被吹乱了。小石找到了寺院的住持说："蓬头垢面是对佛祖的不敬。应在每座庙的香案前放把木梳，供善男信女梳理鬓发。"住持采纳了小石的建议。那山共有10座庙，于是住持买下10把木梳。

负责人又问小钱："卖出多少？"答："1000把。"负责人惊问："怎么卖的？"小钱说他到了一座颇具盛名、香火极旺的深山宝刹，朝圣者如云，施主络绎不绝。小钱对住持说："凡来进香朝拜者，多有一颗虔诚之心，宝刹应有所回赠，以做纪念，保佑其平安吉祥，鼓励其多做善事。我有一批木梳，您的书法超群，可先刻上'积善梳'三个字，然后便可做赠品。"住持大喜，立即买下1000把木梳，并请小钱小住几天，共同出席了首次赠送"积善梳"的仪式。得到"积善梳"的施主与香客，很是高兴，一传十，十传百，朝圣者更多，香火也更旺。这还不算完，好戏跟在后头。住持希望小钱再多卖一些不同档次的木梳，以便分层次地赠给各种类型的施主与香客。

就这样，小钱在看来没有木梳市场的地方开拓出很有潜力的市场。

……

捆绑不成夫妻，强扭的瓜不甜。一厢情愿，剃头挑子一头热，强卖强买都不行。供方都渴望有个好卖点，求方都渴望有个好买点。能否出现好卖点和好买点，关键看能否在供求双方找到共同点。供求双方内在需要的共同点越多，买卖也就会越大；供求双方内在需要的共同点越少，买卖也就会越小。一句话，供求双方内在需要的共同点的多少，与买卖的大小成正比。善，是增加供求双方内在需要的共同点的根本；恶，是减少供求双方内在需要的共同点的祸害。

推而广之，竞争和互助如车之两轮、鸟之两翼，是发展任何事业的相辅相成的两个方面。竞争不能离开互助，离开了互助的竞争，势必发展成尔虞我诈；互助也不能离开竞争，离开了竞争的互助，势必失去强劲持久的动力。在继续积极参与竞争的同时，万万不可忽视互助的力量，万万不可忽视发现和增加各种各样的共同点。孙中山在《建国方略》中有一句很深刻的话："人类进化之主动力，在于互助，不在于竞争。"

把斧子卖给总统

美国布鲁金斯学会之所以闻名于世，是因为它培养出了一批又一批世界上最杰出的推销员。它有一个传统，就是在每期学员毕业的时候，都要设计出一道最能体现推销员能力的实习题，让学员们去完成。

克林顿当政期间，他们出了这么一个题目：请把一条三角裤推销给现任总统。8年间，先后有无数个学员为此绞尽脑汁，可是最后都无功而返。

克林顿卸任后小布什当政，布鲁金斯学会把实习题改为：请把一把斧子推销给现任总统。

鉴于持续了8年的失败与教训，绝大多数学员知难而退，甚至不少学员断定，把一把斧子推销给布什总统同把一条三角裤推销给克林顿总统一样，势必毫无结果。因为布什总统什么都不缺少，退一步说，即使缺少，也用不着他们亲自购买。

2001年5月20日，一位名叫乔治·赫伯特的推销员，成功地将一把斧子推销给了布什总统。

布鲁金斯学会得知这一消息后，把刻有“最伟大的推销员”字迹的一只金靴子授予了他。这是自1975年以来，继该学会的一名学员成功地把一台微型录音机卖给尼克松总统之后，又一名学员获此殊荣。

其实，乔治·赫伯特的成功，并没有费多少功夫，也不像许多人想象得那么艰难。一位记者采访他的时候，他是这样说的：“我认为，把一把斧子推销给布什总统是完全可能的，因为布什总统在得克萨斯州有一个农场，农场里面长着许多树。于是，我给他写了一封信，说：‘有一次，我有幸参观了您的农场，发现里面长着许多矢菊树。有些已经死掉，木质已变得松软。我想，您一定需要一把斧头。但是从您现在的体质来看，那些新型的斧头显然太轻，因此您仍然需要一把不甚锋利的老斧头。现在我这儿正好有一把这样的老斧头，很适合砍伐枯树。假如您有兴趣的话，请按这封信所留的信箱，给予回复……’不久，布什总统就给我汇来了15美元。”

为什么布鲁金斯学会不把金靴子奖授予那些显赫于世界各国的巨富，而偏偏授予将一把斧子推销给了布什总统的人呢？

布鲁金斯学会负责人在表彰乔治·赫伯特的时候，说了下面一段话，客观上很好地回答了上面的问题：

“金靴子奖已空置了26年。26年间，布鲁金斯学会培养了数以万计的推销员，造就了数以百计的百万富翁。这只金靴子之所以没有授予他们，是因为我们一直想寻找这么一个人：这个人不因有人说某一目标不能实现而放弃，不因某件事情难以办到而失去自信。”

的确，布鲁金斯学会把金靴子奖授予将一把斧子推销给了布什总统的乔治·赫伯特，比授予那些显赫于世界各国的巨富要高明得多。它又一次告诉世人，别人没有成功，并不等于自己一定也不能成功；过去没有成功，并不等于将来一定也不能成功。在不轻言放弃、不丧失信心的人面前，在坚持不懈、知难而进的人面前，总会有一片充满希望的天地。

敲开关闭的招聘之门

英国是一个高福利和高薪制的国家，只要能找到工作，一般都能拿到不低的工薪，但要找到一份称心如意的工作，却又不是一件很容易的事情。

有一个22岁的英国年轻人，尽管他是大学的高材生，有一张英国伯明翰大学新闻专业的文凭，但大学毕业后在竞争激烈的人才市场中却四处碰壁，一直没找到理想的工作。为了求职，这个年轻人从英国北方来到首都伦敦，几乎跑遍了全国。屡败屡战的求职经历，使这个年轻人不仅积累了宝贵的求职经验，而且磨炼了不屈不挠的意志。他深知，与其彻底绝望，不如满怀希望。

有一天，他听说世界著名大报——《泰晤士报》招聘员工，便赶紧前去应聘。

他充满自信地走进招聘办公室，恭敬地问："请问，你们需要编辑吗？"

对方看了看这个貌不惊人的年轻人，说："不要。我们的招聘工作在前天刚刚结束，你来晚了一步。"

他接着又问："那需要记者吗？"

对方回答："也不要。"

年轻人没有气馁："排字工、校对呢？"

对方已经不耐烦了，说："都不要！都不要！我们的招聘工作在前天刚刚结束，你来晚了一步！"

年轻人微微一笑，从包里掏出一块制作精美的告示牌交给对方，说："那你们肯定需要这块告示牌。"

对方接过来一看，眼前顿时一亮，只见上面写着："额满，暂不招聘。"

他的举动出乎招聘人的意料，负责招聘的主管被年轻人真诚而又聪慧的求职行为所打动，破例对他进行了全面考核。结果，他幸运地被报社录用了，并被安排到与他的才华相称的对外宣传部工作。

事实证明，报社没有看错人。20年后，他在这家英国王牌大报的职位是：总编。

这个人就是生蒙，一位资深并具有人格魅力的报业人士。他在求职中善于变换思路，善于在绝处求生的创新思维，为自己赢得了让人们发现自己才华的机遇，成功地在山重水复之处创造峰回路转、柳暗花明的奇迹。

生蒙就任总编时，有位记者采访他："您那次求职能敲开关闭的招聘之门，化闭门羹为座上宾的体会是什么？"

他说了这样一句广泛流传的话："瀑布之所以能在绝处创造奇观，是因为它有绝处求生的勇气和智慧。"

最有价值的一句话

多年前，一个妙龄少女应聘到纽约国际酒店当服务员。这是她涉世之初的第一份工作，也就是说她将在这里正式步入社会，迈出她人生的第一步。因此，她十分激动，并暗下决心：一定要好好干！

但是她万万没有想到，从小就一直喜爱洁净，又从未干过粗重活的她，竟被上司安排做刷厕所的清洁工！上司对她刷厕所的工作质量要求特别高，高得可以说是骇人：必须把马桶抹洗得光洁如新！

她刷厕所的时候，在视觉上、嗅觉上、心理上、体力上，都感到难以承受。当她用自己白皙细嫩的手拿着抹布伸向马桶时，胃里立刻“造反”，翻江倒海，恶心得几乎吐了出来。她当然知道“光洁如新”的含义是什么，也知道自己真的难以实现“光洁如新”这一高标准的质量要求。

这时，她面临着人生第一步怎样走下去的抉择：是继续干下去，还是另谋职业？继续干下去——太难了！另谋职业——知难而退？成功的人生之路岂能知难而退？

因此，她陷入困惑、苦恼和彷徨之中。她哭过鼻子，知道自己还不能适应刷厕所的工作，但她不甘心就这样败下阵来。她想起了自己初来时曾下过的决心：人生第一步一定要走好，马虎不得！

正在此关键时刻，同单位的一位前辈及时地出现在她面前，帮她摆脱了困惑、苦恼和彷徨，让她认清了如何才能真正迈好这人生的第一步，如何才能真正走好今后的漫漫人生路。但他并没有用空洞理论去说教，只是亲自做个样子给她看了一遍。

首先，他一遍遍地刷洗马桶，直到抹洗得光洁如新。然后，他从马桶里盛了一杯水，一饮而尽！竟然毫不勉强。实际行动胜过万语千言，他不用一言一语就告诉她一个朴素、深刻的道理：

光洁如新，关键在于“新”，新则不脏，因为不会有人认为新马桶脏。因此，新马桶中的水是不脏的，是可以喝的；反过来讲，只有马桶中的水达到可以喝的洁净程度，才算是把马桶抹洗得“光洁如新”了。事实证明，这一点是完全可以办到的。

同时，他送给她一个含蓄的、温暖的微笑，送给她一束关注的、鼓励的目光。

这些对她来说就足够了！她激动不已，热泪盈眶，从身体到灵魂都在震颤。她恍然大悟，如梦初醒，痛下决心：

"就算一生刷厕所，也要做一名最出色的清洁工！"

从此，她成为一个全新的、振奋的人。她的工作质量也达到了那位前辈的高水平。为了检验自信心，为了证明自己的工作质量，也为了强化自己的敬业精神，她也多次喝过马桶水。

她很漂亮地迈出了人生第一步，义无反顾地拼搏在前途无量的成功之路……

几十年的光阴一瞬而过，后来她成为美国政府的重要官员——劳动部部长。她的名字叫劳伦斯·米兰。

她接受过不少记者的采访，也应邀到学校做过多次报告，她强调最多的一句话就是：

"就算一生刷厕所，也要做一名最出色的清洁工。"

劳伦斯·米兰完全有理由强调这一句话，因为正是这一句话，使她自强不息、几十年如一日地奋进在成功路上；因为正是这一句话，使她完成了从刷厕所清洁工到美国政府劳动部部长的飞跃；因为正是这一句话，使她拥有了令人羡慕的成功人生。因为她认为只有这一句话，才是对大家最有价值的一句话。

挑战命运的赠言

在南卡罗来纳州的财经学院，在又一批毕业生即将离开学院走上工作岗位的时刻，学院请来了从该学院毕业的、美国财政部的女部长阿济·泰勒·摩尔顿，请她给毕业生做报告。

报告会开得生动活泼，同学们踊跃地提出了不少的问题，女部长推心置腹，都给予了明确的回答。其中的一个毕业生问道：“如果人生不如意，我们应该怎么办？”

女部长阿济·泰勒·摩尔顿这样说：“我的生母是聋子，因此没有办法说话。我不知道自己的父亲是谁，也不知道他是否在人间。我这辈子找到的第一份工作很普通，是到棉花田里去摘棉花……”

台下的听众全都惊呆了，他们的确没有想到，他们一向认为是命运宠儿的女部长，竟有如此不堪回首的过去。

她接着说：“如何面对不如意，是无所作为与有所作为的重要分野。无所作为的人面对不如意，经常是苦闷，是彷徨，是忍受，是却步，是交出梦想，是缴械投降，是低下高贵的头颅；而有所作为的人面对不如意则不同，经常是蔑视，是抵抗，是呐喊，是战斗，是无所畏惧，是英雄气概，是仰天大笑出门去，是击水三千扶摇万里。”

她继续说：“人生处处都会遇到不如意。一个人的未来怎么样，并不完全取决于生下来时的状况，并不完全取决于外界环境，也并不完全取决于运气，而是主要取决于自己如何面对不如意。”

她以坚定的语气说：“哪里有不如意，哪里就有改变不如意的办法。如果情况不如意，我们总可以想办法加以改变。一个人若想改变眼前充满不幸或不尽如人意的情况，只要回答这个简单的问题：我希望成为什么样的人？是成为无所作为的人，还是成为有所作为的人？当你提出这个问题时，就如同对你的命运下了挑战书。然后采取行动，全身心投入，朝着有所作为的理想目标坚定不移、不屈不挠地前进。”

在结束回答这个问题的时候，她轻轻地、语重心长地重复方才说过的话：“如果情况不如意，我们总可以想办法加以改变。”

第二天，媒体报道了女部长阿济·泰勒·摩尔顿与毕业生的对话，醒目的大黑字通栏标题是：如果情况不如人意，我们总可以想办法加以改变。副标题是：送给毕业生的挑战命运的赠言。

真名被淡忘的小职员

一个家境很不好的年轻人，到一家叫“威龙制衣”的公司做小职员。他很珍惜这次工作机会，对自己的公司也很热爱。

他每次出差住旅馆的时候，总是在自己真实姓名的后面加上一个括号，写上“威龙制衣”4个字，在平时的书信和收据上也是如此，天天如此，年年如此。“威龙制衣”的签名一直伴随着他。他的这种做法引起了同事们的注意，于是就送了他一个“威龙制衣”的绰号，而他的真名却渐渐被人们淡忘了。

有一天，公司总经理知道了这件事后，被这位普通职员如此宣扬公司声誉的努力深深地感动了。他特别邀请这个年轻人到咖啡馆，边喝咖啡边交流，不知不觉长谈到了深夜。

公司总经理问他：“你为什么这样推崇自己的公司？”

他说：“公司是我们集体的家园，只有这个家园强盛了，我们这些人才能幸福。”

后来，他逐步被提升为组长、部长、副总，直至成了威龙制衣公司的总经理。

“威龙制衣”小职员因小事而引起了大老板的青睐，况且那些小事似乎又都是微不足道、人人都能做的。这就使他从小职员发展成大老板的经历，带上了更加浓重的偶然性色彩。不错，在很多方面胜过他的人一定不少，但像他那样多少年如一日的人能有几个？像他那样把爱业、敬业、勤业的热忱化作一种有影响力的企业精神的人能有几个？

从根本上说，成功总是偶然性与必然性的结合。在他偶然成功的背后，还是存在某种必然。那种支配着偶然的必然，很可能是他对事业持久的追求，很可能是他一直在努力。一句话，那种支配着偶然的必然，就是他具有高出众人的素质。

无处无时无人不能创新

1926年，17岁的兰德还是哈佛大学一年级的学生。一天晚上，他走在繁华的百老汇大街上，从面前驶过的汽车的车灯刺得他睁不开眼睛。他突然灵机一动：有没有办法既让车灯照亮前面的路，又不刺激行人的眼睛呢？他觉得这是很有实用价值的课题。兰德说干就干，第二天便去学校办了休学手续，专心研究偏光车灯。

1928年，兰德的第一块偏光片终于制成了。他匆匆赶去申请专利，不料已有4个人先于他申请了此项专利，辛辛苦苦研究的第一项成果就这样白费了。

3年后，经过改进的偏光片研制成功，专利局终于在1934年把改进后的偏光片的专利权给了兰德。这是他获得的第一项专利。

1937年，兰德成立了宝丽来公司。有人把他介绍给华尔街的一些大老板，他们对兰德的才能和工作效率十分赏识，向他提供了37.5万美元的信贷资金，希望他把偏光片应用到美国所有汽车的前灯上，以减少车祸，保证乘车人和行人的安全。他不负众望，很快打开了这个领域的市场。

1939年，宝丽来公司在纽约的世界博览会上推出的立体电影，可谓轰动一时。观众必须戴上该公司生产的眼镜才能入场，这又为宝丽来公司赚了一大笔钱。

有一次，兰德给女儿照相。小姑娘不耐烦地问："爸爸，我什么时候才能看到照片？"这句话触动了兰德，经过多年的研究，他终于发明了瞬时显像照相机，取名为拍立得相机。这种相机能用60秒钟洗出照片，所以又称“60秒相机”。

宝丽来公司1937年刚成立时，销售额为14.2万美元，1941年就达到100万美元，1947年则达到150万美元，为10年前的10倍多。“拍立得”相机投入市场后，使公司销售额从1948年的150万美元猛增至1958年的6750万美元，为10年前的45倍。

然而，兰德并不就此停步，后来他又制造出一种价格便宜，能立即拍出彩色照片的新相机。

兰德经常强调的观点是：“一个企业，不能只满足于已有的产品，要谋划未来，考虑下一步该怎么办。这样，企业才不会停滞不前，才能永远充满生机。”

当人们问兰德有什么成功奥秘时，他只是笑笑说：“我相信人的创造力，它的潜力是无穷的。我们只要把它挖掘出来，就无事不成。其实，处处是创新之地，天天是创新之时，人人是创新之人，无处无时无人不能创新。”

创新是事业的动力，创新是事业的灵魂，创新是事业永葆生机的源泉，创新是化腐朽为神奇的关键。适应变化的唯一方法，就是创新。处于今日剧变的环境，成功者往往就是那些不愿因循守旧而敢于大胆创新的人。

提高效率的一个重要方法

伯利恒钢铁公司总经理西韦伯，为改变自己公司效率低下的状况，向艾维·李提出买一种方法的要求，以便能在较短的时间里做完较多的工作。李说：“好！我10分钟之内教你一套至少可以把效率提高50%的方法。”李给了西韦伯一张纸之后接着说：“把你明天必须做的重要工作记下来，按重要程度依次编上号码。早上一上班，马上从第一项工作做起，直到做完为止。再检查一下安排的次序，然后开始做第二项工作。如果有一项工作需要做一整天，也没有关系，只要是最重要的一项工作，就坚持做下去。如果你不建立某种制度，恐怕连哪项工作最为重要也不清楚。请你把这个办法当作每个工作日的习惯做法。你自己这样做了之后，让你公司里的人也照样做。你愿意试多长时间都行。然后送张支票给我，你认为这个办法值多少钱就给我多少。”西韦伯认为这个办法很有用，不久就填了一张25000美元的支票给李。后来西韦伯坚持使用这个办法，在5年时间里，伯利恒钢铁公司成了世界上最大的钢铁生产企业，而且多赚了几亿美元。西韦伯成了世界有名的钢铁巨头。

后来西韦伯的朋友问他：为什么为这样一个简单的点子支付这样高的报酬？西韦伯提醒他的朋友注意：这是他学过的各种办法中最有效的一种，这是公司多年来最有价值的一笔投资。

犹太人多年来经商经验的精华，就是瞄准少数高收入人群。在空气中，氮与氧的比例是78：22；在人体中，水分与其他物质成分的比例也是78：22；在正方形中，内切圆面积与剩余部分面积的比例还是78：22。在自然界中，78：22是一个客观存在的法则。犹太人的生意经就建立在这个法则之上。在人类社会，老百姓是多数，富翁是少数，其比例大体是78：22；富翁的财产和老百姓的财产比例，大体也是78：22。正因如此，犹太人经商要么是从事金融业，要么是搞钻石买卖，相当多的金钱进入了犹太人的口袋。

第49任英国首相撒切尔夫人，在日理万机的情况下还能照顾好家庭。有人问她，提高效率的秘诀是什么？她答复说，把要做的事情按轻重缓急一条条列下来，积极行动，做好之后，再一条一条删去就成了！

有人对美国整个汽车工业做了统计，结果表明：一个企业、一个部门、一个研究所，都是20%的业务骨干对事业发展起到了80%的作用。如果能调动并保护20%骨干的积极性，使另外80%的人向20%的骨干学习，这个单位就欣欣向荣；反之，就江河日下。这个统计结果，就叫“二八定律”。

真理是朴素的，也是容易被忽视的。加强计划，抓住重点，积极突破，带动一般，是提高效率普遍适用的重要方法，也是常被忽视的重要方法。

比3个商人更精明的专家

1999年4月5日，美国谈判专家史蒂芬斯决定建个家庭游泳池，建筑设计的要求非常简单：长30英尺，宽15英尺，有温水过滤设备，并且在6月1日前竣工。

隔行如隔山。虽然谈判专家史蒂芬斯在游泳池的造价及建筑质量方面是个彻头彻尾的外行，但是这并没有难倒他。

史蒂芬斯首先在报纸上登了个建造游泳池的招标广告，具体写明了建造要求。很快有A、B、C3个承包商前来投标，各自报上了承包的详细标单，里面有各项工程的费用及总费用。史蒂芬斯仔细地看了这3张标单，发现三个人所提供的抽水设备、温水设备、过滤网标准和付钱条件等都不一样，总费用也有不小的差距。

4月15日，史蒂芬斯约请这3个承包商到自己家里商谈。第一个约定在上午9点钟，第二个约定在9点15分，第三个则约定在9点30分。3个承包商如约准时到来，但史蒂芬斯客气地说，自己有件急事要处理一会儿，一定尽快与他们商谈。3个承包商只得坐在客厅里一边彼此交谈，一边耐心地等候。

10点钟的时候，史蒂芬斯出来请第一个承包商A先生到书房去商谈。A先生一进门就介绍自己干的游泳池工程一向是最好的，建好史蒂芬斯的家庭游泳池实在是小菜一碟。同时，还顺便告诉史蒂芬斯，B先生经常使用陈旧的过滤网；C先生曾经丢下许多未完的工程，现在正处于破产的边缘。

接着，史蒂芬斯出来请第二个承包商B先生进行商谈。史蒂芬斯从B先生那里又了解到，其他人提供的水管都是塑胶管，只有B先生提供的才是真正的铜管。

后来，史蒂芬斯出来请第三个承包商C先生进行商谈。C先生告诉史蒂芬斯，其他人使用的过滤网都是品质低劣的，并且往往不能彻底做完，拿到钱之后就不认真负责了，而自己则绝对能做到保质、保量、保工期。

不怕不识货，就怕货比货，有比较就好鉴别。史蒂芬斯通过耐心的倾听和旁敲侧击的提问，基本上弄清楚了游泳池的建筑设计要求，特别是掌握了3个承包商的基本情况：A先生的要价最高，B先生的建筑设计质量最好，C先生的价格最低。经过权衡利弊，史蒂芬斯最后选中了B先生来建造游泳池，但只给C先生提出的标价。经过一番讨价还价之后，谈判终于达成一致。

就这样，3个精明的商人，没斗过1个谈判专家。史蒂芬斯在极短的时间内，不仅使自己从外行变成了内行，而且还找到了质量好、价钱便宜的建造者。

这个质优价廉的游泳池建好之后，亲朋好友对其赞不绝口，对史蒂芬斯的谈判能力也佩服得五体投地。史蒂芬斯却说出了下面发人深省的话：

“与其说我的谈判能力强，倒不如说用的竞争机制好。我之所以成功，主要是设计了一个公开竞争的舞台，并请这3个商人在竞争的舞台上做了充分的表演。竞争机制的威力，远远胜过我驾驭谈判的能力。一句话，我选承包商，不是靠相马，而是靠赛马。”

把英语辞典卖给农夫

日本有个著名的产品推销员叫夏目志郎，其能量之大，几乎无所不销。当记者听说他曾把《儿童英语百科辞典》卖给不识英语的农夫之后，既钦佩，又难免有些怀疑，便采访了他，记录了当时事情的经过。

夏目志郎说：“现在，埼玉县已被开发成了东京的卫星城市。但当时还是不够发达的农村，道路也崎岖不平，在当地农夫的眼里，小孩与《儿童英语百科辞典》是风马牛不相及的事情。老实说，那时我也没有听说过有谁到农家去推销《儿童英语百科辞典》的事情。我抱着突破销售障碍，向艰难挑战的决心和信心，选择了到农家销售《儿童英语百科辞典》。这就是我从事销售工作的基本理念。”

当夏目志郎敲开一户农家的门，说明来意后，农家主人一口拒绝说：“我们农夫的孩子根本没有必要学英语。”

夏目志郎迎难而上，中肯地劝告，农家如果不重视英语学习，势必会影响下一代的生存能力，是对下一代的极端不负责任。“现在的日本和过去已经大不相同。现在使用英语的地方越来越多，今后英语的重要性也会越来越突出。家长是孩子的第一任教师。如果您轻视英语，势必会影响孩子们对英语学习的热情，影响孩子们的远大前程，到时候就是后悔也来不及了。”

这番劝告虽然有些效果，但农夫还是对学习英语有畏难情绪。接着夏目志郎先生向农夫说明了这套百科辞典在英语教学上的卓越成效，并以农家养狗为例，深入浅出地释疑解惑。

“府上养狗，您和家人是否怕狗？”夏目志郎问。

“不，不怕。因为习惯于养狗，所以不怕狗。”农家主人回答道。

“很对，从小养成习惯，这对学习英语是非常重要的。在自己身边有这样好的英语教材，小孩一定会亲近它，在不知不觉中就会对英语产生兴趣，这不是很好吗？”

夏目志郎首先使农夫改变不需要《儿童英语百科辞典》的陈旧观念，然后又进一步将农夫可能的需要变为眼前的需要。农夫认为有理，就买下了一套精装本的《儿童英语百科辞典》。

采访快结束的时候，记者请夏目志郎概括一下多年以来成功推销的经验，他说了这样的话：“要想让客户心甘情愿地下决心购买，只有一个方法，就是千方百计地开发和满足客户的需要与渴望。”

跑道上的企业文化

曾由王永庆领导的台塑集团，到1984年在台湾岛内已经拥有40多座工厂，遍及全岛，被人称为“塑料大王”；1988年7月，在美国《福布斯》发布的“全球富豪排行榜”上，王永庆以40亿美元的财产居第16位；进入20世纪90年代，台塑集团已经成为世界化学工业界50强中的一员；在美国《卓越》杂志对“亚洲四小龙”之一——台湾的1000家大企业专业经理人的声望排名”中，王永庆总是以遥遥领先的积分高居榜首。

王永庆靠什么发达的呢？台塑为什么会跑在众多竞争对手的前面？

经济界一些研究这些问题的人，都对台塑集团每年要花费大约40万新台币举行大规模的企业运动会，给予了关注，认为是值得借鉴的跑道上的企业文化。

在时间的选择上，寓意深远。台塑运动会在青年节前后举行，意在鼓励台塑企业永远有年轻人那样蓬勃的朝气和旺盛的精力，永远像年轻人那样富于进取精神！

在吉祥物的选择上，同样富有激情。吉祥物是台湾特有的珍禽，一只展翅翱翔的帝雉，拿着一支象征胜利的火炬，向前飞去。喻义是：年轻的台塑，不断地向前奋进，生生不息。

在运动项目的选择上，除了一般的竞技项目以外，有两项特别引人注目，意义深远。因此，台塑设在美国的公司，也派人远涉重洋，回到台湾，参加这次“台塑精神”大会师。

第一项：王永庆带领台塑的高级主管和外宾进行5000米赛跑。

作为台塑的领头人，王永庆和管理层不仅在精神上承受巨大的压力，而且在身体上也面临严峻的挑战。王永庆深知台塑这个担子有多重，为了让自己不被压垮，每天都从少得可怜的休息时间里抽出一小时进行体育锻炼。王永庆要求那些主管，要有健康的体魄和旺盛的精力，并极力宣传慢跑的好处。

在台塑运动会上，王永庆亲自点兵，被点到的主管要和他一起跑完5000米。在比赛中，王永庆要对主管们的体力和耐力进行一次大检查。跑道上，台塑领导各个奋勇争先；看台上，观众叫好声一片。长跑代表着台塑在以王永庆为首的团队领导下，勇往直前，不断地从胜利走向胜利。

另外一项：闭幕式前的趣味竞赛。

王永庆不愿意台塑运动会在高潮过去后就冷冷清清地结束，因而在闭幕式前总是要安排一项别出心裁的趣味竞赛项目，以再掀高潮，让运动会在笑声中结束，让员工意犹未尽，回味无穷。

就拿1986年来说，趣味竞赛项目是“万众一心100米扁担挑米箩”接力赛跑。王永庆老当益壮，风采不减当年，挑起一筐米，健步如飞跑向终点，还连呼“不过瘾”。

王永庆是希望台塑人能够像乡下人那样，发扬吃苦耐劳和勤劳朴实的精神，团结一致，走向胜利。

一年一度的台塑运动会，使关心人、爱护人、激励人的管理思想落到了有声有色的运动会上，在员工中形成了锻炼身体的风气，使台塑人以更充沛的精力和更高的效率投入到工作中去，使“台塑精神”发扬光大。

要振兴企业事业，先要振奋企业精神。王永庆借用举行运动会这个“仪式”，完成了每年对企业文化的一次检阅和再塑造。

综合就是创造

在20世纪30年代，正当希特勒加紧扩充军队，准备发动第二次世界大战的关键时刻，英籍作家雅格布写的一本书出版了。他在书中详尽地介绍了希特勒军队各军区的情况。

希特勒知道以后，暴跳如雷，立即下令将雅格布绑架到柏林。在审问中，雅格布回答说，他的全部材料都是从德国公开的报纸上得来的。雅格布的回答使在场的德国人目瞪口呆，面面相觑。

雅格布究竟是怎样从报纸上得到这些极其重要的军事秘密的呢？

原来，他长期注意从德国报刊上搜集关于希特勒军事情况的报道，就连丧葬讣告和结婚启事之类的材料也不放过。日积月累，他把搜集的大量德军情报做成卡片，然后精心分析，认真综合，做出判断，终于描绘出一幅德军组织状况的图画，而这幅图画竟然与真实情况基本相符。对此，德军头目怎能不惊恐万分。

雅格布的这一工作就是一种创造，一种创新，因为他去粗取精，去伪存真，由此及彼，由表及里，把一些似乎互不相干的材料综合在一起，产生了新的飞跃——德军军事设置图。

综合不是各个部分的简单叠加，而是质变，是创造。用古希腊先哲亚里士多德的话来说，就是“整体大于部分之和”。美国在检查苏联的一架米格25之后发现，飞机上的许多零部件并不是最先进的，甚至比美国相应的零部件落后，但米格25的整体性能是世界一流的。

综合就是创造，对一个人是如此，对一个国家也是如此。

国外一些专家说，由综合而创造，是日本技术腾飞的成功之路。例如20世纪60年代，日本从奥地利引进氧气顶吹炼钢技术；从法国引进高炉吹重油技术；从美国、苏联引进高炉高温、高压技术；从联邦德国引进炼钢脱氧技术；从瑞士引进连续铸钢技术以及从美国引进轧钢技术。他们通过对这六大技术的综合，创造了世界一流的钢铁技术，并进一步改进，创造出转炉未燃气回收技术，到70年代转而作为技术专创向国外出口。又比如，闻名世界的日本松下彩色电视机，它的400多项技术都是世界各国已有的技术。当这400多项技术被日本综合后，创造出的彩色电视机却是其他国家所没有的。

著名的现代原子核物理学的奠基者卢瑟福也用自己的语言，表达了“综合就是创造”的深刻思想：“科学家的成果不只是一个人的思想，而是综合了几千人的智慧。”

美国阿波罗登月计划是成功应用综合方法的极好例证。阿波罗登月计划中没有日本造不出的东西，但在整体的计划、设计和管理技术方面，日本达不到美国的整体水平。阿波罗登月计划总指挥韦伯说过一段引起各国普遍重视的话：“今天世界上，没有什么东西不是通过综合而创造的。阿波罗庞大计划中就没有一项是新发明的自然科学理论和技术，都是现有技术的运用。关键在于综合，综合就是创造。”

照搬一家之言是模仿，综合百家之长是创造。

“红苹果效应”

伦敦大学的教授针对言行对人的影响问题，进行了一项很贴近实际的吃苹果实验。实验将若干对父子分成两个小组来进行。

第一组的实验是这样进行的：让父亲手拿一个红红的大苹果，郑重其事地向儿子交代：“这个苹果一点儿都不甜，还有点儿酸涩，你不能吃！”父亲说完后没有品尝红苹果，就离开了那个房间……

通过第一组实验得出了这样的统计结果：有63%的孩子没吃红苹果，经受不住诱惑偷吃了红苹果的孩子仅占37%。

第二组的实验是这样进行的：也是在同一间屋子，也是同样的红苹果，父亲说的话与第一组的完全相同。有所不同的是，第二组的父亲对儿子说完话后，自己情不自禁地咬了一口红苹果，然后咀嚼着离开了房间……

通过第二组实验得出了这样的统计结果：在平均不到5秒钟的时间内，有95%的孩子禁不住诱惑，也仿效父亲的行为而不听从其说教品尝了红苹果，没吃红苹果的孩子只有5%。

这项实验用数据告诉人们，言传不如身教，身教重于言传，身教的作用比言传的作用要大得多。科学家将从这项实验得出的结论，概括为“红苹果效应”。

领导以身作则，老师为人师表，家长成为楷模，所发挥的作用或影响，往往比喋喋不休的说教大得多。假如一个人口是心非或言行不一，其影响力势必大打折扣。

责任感创造奇迹

几年前，美国著名心理学博士艾尔森对世界各个领域的100位杰出人士做了问卷调查，结果让他感到十分惊讶——其中61%的杰出人士承认，他们所从事的职业，并不是他们内心最喜欢的，至少不是他们心目中最理想的。

这些杰出人士竟然在自己并非最喜欢的领域里取得了那样辉煌的业绩，除了聪颖和勤奋，靠的究竟还有什么呢?

带着这样的疑问，艾尔森博士又走访了多位商界英才。其中纽约证券公司的金领丽人苏珊的经历，为他寻找满意的答案提供了有益的启示。

苏珊出生在中国台北的一个音乐世家，她从小就受到了很好的音乐启蒙教育，非常喜欢音乐，期望自己的一生能够驰骋在音乐的广阔天地。但她阴差阳错地考进了大学的工商管理系。一向认真的她，尽管不喜欢这个专业，可还是学得格外刻苦，每学期的各科成绩均是优异。毕业时她被保送到美国麻省理工学院，攻读当时许多学生都十分羡慕的MBA。后来，她又以优异的成绩拿到了经济管理专业的博士学位。

如今，她已是美国证券业界的风云人物，在被调查时依然心存遗憾地表示：“老实说，至今为止，我仍不喜欢自己所从事的工作。如果能够让我重新选择，我会毫不犹豫地选择音乐。但我知道那只能是一个美好的‘假如’了，我只能把手头的工作做好……”

艾尔森博士直截了当地问她：“既然你不喜欢你的专业，为何你学得那么棒？既然你不喜欢眼下的工作，为何你又做得那么优秀？”

苏珊的眼里闪着自信，十分明确地回答：“因为我在那个位置上，那里有我应尽的职责，我必须认真对待。”“不管喜欢不喜欢，那都是自己必须面对的，都没有理由草草应付，都必须尽心尽力，尽职尽责，那不仅是对工作负责，也是对自己负责。责任感可以创造奇迹。”

艾尔森在以后的继续走访中，许多的杰出人士对之所以能出类拔萃的反思，与苏珊的回答大致相同——因为种种原因，自己常常被安排到并不十分喜欢的领域，从事了并不十分理想的工作，一时又无法更改。这时，任何的抱怨、消极、懈怠，都是不足取的。唯有把那份工作当作一种不可推卸的责任扛在肩头，全身心地投入其中，才是正确与明智的选择。正是这种“在其位，谋其政，尽其责，成其事”的高度责任感的驱使下，他们才赢得了令人瞩目的成功。

艾尔森博士的调查结论，使我想到了我国的著名词作家乔羽。他曾在中央电视台《艺术人生》节目里坦言，自己年轻时最喜欢做的工作不是文学，也不是写歌词，而是研究哲学或经济学。他甚至开玩笑地说，自己很可能成为中国科学院的一名院士。不用多说，他在并非最喜欢和最理想的工作岗位上兢兢业业，为人民做出了家喻户晓的贡献。

“热爱是最好的教师”“做自己想做的事”，这些话已经是耳熟能详的名言。但是，“责任感可以创造奇迹”，却容易被人忽视。对许多杰出人士的调查说明，只要有高度的责任感，即使在自己并非最喜欢和最理想的工作岗位上，也可以创造出奇迹。

授权断想

在领导科学和管理科学中，授权是一个备受关注的课题。古今中外的许多理论与实践证明，管得愈多，能管好的就愈少；合理授权，才能卓有成效，事半功倍。

英国军事家汉密尔顿认为：在军事组织中，上级所辖人数应在3至6人之间，3人已使上级相当忙碌，6人也许会让上级每天忙碌10小时。

日本管理学者亦认为，一个领导人管理的直接下属一般以8人为宜，并称此为“下八律”。

著名的“授权定律”强调指出：上层授权面应占份内的60%~85%，中层授权面应占份内的50%~75%，基层授权面应占份内的35%~50%。一句话，层次越高，授权面也应越大。

日本东芝电器公司提出了“能力相关定律”：如果一个人有100%的能力，而只给他80%的工作量，他的能力将退化；如果一个人有100%的能力，而给他100%的工作量，他的能力不会提高；如果一个人有80%的能力，而给他100%的工作量，他的能力将有突破性的提高。简言之，用授权来激发下属的潜力，小才可以有大用。

美国历史学家伯恩斯提出：下属在工作中越感到自己有能力和效率，则在完成工作任务时就越不想要多余的命令和指挥。人们将此称为愈善于使用自己手脚的人，愈不喜欢别人对他指手画脚的“伯恩斯定律”。

英国银行家森伯格提出，管理人事和企业的方法是相同的，即给予其简洁而充分的指导，再赋予其完全发挥的自由。人们将此称之为“做什么”由自己决定，“怎么做”让下属安排的“森伯格原则”。

历史上，南美洲的印加帝国在经济、政治、生活上都受统治者高度而严格的控制，即使是小事也必须请示最高当局，致使拥有20万军队的印加帝国，后来被西班牙征服者皮萨罗的168人分遣队打败。人们将此称为无权不揽，有事必废的“印加效应”。

授权不是推卸责任，不是撒手不管，而是对领导者和管理者提出了更高的要求，正如德国管理学家沃厄所说，更高一级的当局不仅应善于把任务和权限交给下级，而且自己还要把下级不能解决的任务承担下来。

授权是分身术，用贤乃成事决。领导只做领导的事，才配称为领导。那些事无巨细、事必躬亲的领导者和管理者，那些两眼一睁，忙到熄灯的领导者和管理者，应当仔细想一想，自己是否管了许多不该管、管不了、管不好的事情。

美国“查雪尔精神康复之家”的创办人查雪尔概括得好：“一个杰出的领导者，必定是一个高明的授权者。”

“豆芽王理论”

我在农村教书时的房东心灵手巧，不善言语，是个加工豆制品的能手。特别是他生产的豆芽与众不同，又大又肥又白，供不应求，人称“豆芽王”。

时间长了，我和“豆芽王”成了朋友。我好奇地问：“为什么别人生出的豆芽又细又小又黄，而你的豆芽却又大又肥又白？”

“豆芽王”说：“你先别着急，过几天我带你看看怎样才能生出又大又肥又白的豆芽。”

过了几天，“豆芽王”把我带到他培育豆芽的几间小厢房，这便是他加工豆制品的小作坊。小作坊里摆满了生豆芽的大盆，每个大盆都装着豆芽，豆芽上都放了个竹筐盖，竹筐盖上又压了块不小的石头。原来，豆芽为了要生长，就必须加倍地努力奋斗，才能脱颖而出，于是就变成了又大又肥又白的豆芽。接着，“豆芽王”又让我看了角落里的一盆故意没有用石头压着的豆芽。这盆豆芽就逊色多了，同常见的豆芽一样，相比之下又细又小又黄。

看完在这两种不同成长环境下培育出来的豆芽，我明白了“豆芽王”的诀窍。

我问“豆芽王”：“这一招你是怎么想出来的呢？”

“豆芽王”给了我一张很破旧的报纸。我打开报纸，在用红笔圈起的地方，看到了一则醒目的新闻报道：在辽阳市的一条柏油马路的边上，长出了一堆大蘑菇。那堆大蘑菇为了自己的成长，竟把压在自己头上的坚实路面顶裂了……

我发自内心地敬佩“豆芽王”的智慧和想象力，不禁联想到一则关于分离头盖骨的报道。

一些生理学家和解剖学家用尽了各种办法，要把人的头盖骨完好无损地分解开，遗憾的是都没有达到目的。人的头盖骨，实在是结合得太致密、太坚固了。后来，有人采用一个出人意料的办法，就是把一些植物的种子放在需要解剖的头盖骨里，同时给以适当的温度与湿度，使种子发芽。这些种子一发芽，便以令人震惊的力量，将机械力都难以分开的头盖骨，完好无损地分开了。

生命的力量无疑是令人敬畏的最强大的力量之一。但这最强大的生命力量是个变数，其中有个引人注目的规律：只要不超过生命的极限，生命所承受的压力越大，生命所发挥的潜力也就越大。压力可以使生命变得更加强壮。这个道理，也许可以称之为：“豆芽王理论”。

一生汗水的凝练

日本货运大王佐川清，年轻时是个许多人眼中最低贱的搬运工。他的家庭生活异常穷困，更没有创业的资本，情绪十分低落。乐观的妻子给他讲了下面这个故事——

有个年轻人，满怀豪情壮志要在商海中干一番事业，只是苦于没有资本。于是，他向一位事业上颇有成就的老者请教。

老者听后说："这样吧，我出10万元，买你一只手可以吗？"

"把手割下来卖给你？"年轻人惊讶地问。

"是的。"

"那怎么行？"

"如果我出10万元买你一只脚呢？"老者又问。

"那也不行！"

"如果我出100万买你的大脑呢？"

"那更不行！"

老者笑着说："那么，你就不要再抱怨自己一无所有了。你至少拥有远远超过100万的资本了。"

年轻人恍然大悟：对人生而言，生命、健康和智慧就是一笔无价的潜在财富。从这个意义上讲，我们每个人都不是真正的一无所有，我们每个人都拥有远远超过100万的资本。

然后，妻子鼓励佐川清说："你不是很健康、很聪明、很有力气吗？人只要具备了这些，一切都可以创造出来！"

妻子的鼓励唤醒了佐川清创业的勇气。他决定凭借自己的优势，从干搬运开始创业。

1948年3月，佐川清创建了佐川捷运货运公司。招牌有了，却没有雇主前来光顾。佐川清没有气馁，他牢记妻子的鼓励，凭着自己的坚韧，一家一家地询问有没有要送的货物。他有一个坚定的信念：天道酬勤。只要坚持不懈，一定能用自己的真诚打动那些批发商。

不久，京都和大阪的批发商之间开始有了这样的说法："常常来拜访的佐川，是个勤奋能干的人。"随着这种共识的逐步形成，越来越多的批发商把他们的货物交给佐川清运送。其他搬运公司不愿意承揽的货物，只要找到他，他总是满口答应下来。

佐川清自己概括了捷运货运公司的创业精神："一切都为雇主""什么事情都不麻烦雇主""有雇主才有佐川捷运"。佐川还用六个字来概括创业精神，那就是"迅速、准确、安全"。

到了1978年，即佐川捷运货运公司成立30周年的时候，该公司的实力已经名列日本商业运输界之榜首。

白手起家的佐川清，年迈时为自己准备了一句深思熟虑、发人深省的墓志铭：

"一个一生额头上流着汗水，拼命用自己力气工作的人长眠于此。"

这个朴实无华的墓志铭，是佐川清不驰于空想、不骛于虚名的写照，是佐川清一生汗水的凝练。从这个朴实无华的墓志铭可以领悟到，是奋斗不息的汗水铺就了佐川清创业的成功之路。

安逸与压力

西方人非常爱吃沙丁鱼，但是想吃到活的沙丁鱼却很困难，因为沙丁鱼运到岸上就死了。聪明的打渔人想出一个好办法，就是在一船捕捞上来的沙丁鱼里放几条十分活跃的鲶鱼。沙丁鱼在生命受到威胁的情况下，不得不游动，因而能存活下来。人们把这种效应，称为“鲶鱼效应”。

有人做过这样一个对比实验：把一只青蛙放进盛着冷水的锅里，然后慢慢地加热。青蛙的感觉很迟钝、很麻木，结果在慢慢加热的过程中死掉。有趣的是，先将锅里的水烧到沸腾，然后扔进一只青蛙，青蛙因受强热刺激，拼命一跳，逃离了开水。身陷绝境，反而逢生。

在美国的阿拉斯加自然保护区，人们为了保护鹿而把狼消灭了。鹿没有了天敌，饱食终日，无忧无虑。十几年之后，鹿数量猛增，但体态蠢笨，同时由于食物紧缺和安逸少动引起体质羸弱，导致鹿大批死亡。于是，人们又把狼请了回来。鹿群迫于生存危机，四散奔逃，日趋矫健灵活，恢复了蓬勃的生机。真是“敌存灭祸，敌去招过”。

在我国北方的哈尔滨市，有个东北虎林园，里面放养了不少东北虎。有人在“虎园”里放了一头牛，结果此牛不畏虎，几经较量，竟然虎口脱险！“虎园”里的兽中之王捕不住牛的咄咄怪事，能给人什么启示？

泰国是拉差龙虎园的管理人员介绍：小老虎出生以后，先由猪奶妈喂养一个月，然后再由人工喂养，这样长大的老虎失去了野性。游人可以看到虎和猪、狗等一起嬉戏、生活。虎仔吃猪奶，性情温又乖。这在科学上也许是一种探索，但环境改变了老虎的本性，老虎已经不是原来意义上的老虎了。

楚军上将军项羽跟秦兵打仗，过河后把锅都砸碎，船都弄沉，决心誓死决战。军士奋勇战斗，以一当十，以少胜多，大破秦兵。这便是著名的破釜沉舟的故事。正如《三国演义》所说：“置之死地而后生。”

“祸兮福之所倚，福兮祸之所伏。”安逸很容易使个体不思进取，使群体平庸和沉沦。与此相反，压力出动力，压力出活力，压力出实力。修炼身心，学习成材，带兵打仗，成就事业，概莫如此。成于压力，居安思危者存；败于安逸，养尊处优者亡。这是自然与社会普遍存在的现象。

面对压力，不应胆怯，不应逃避，要记住："狭路相逢勇者胜！"

面对安逸，不应贪图，不应陶醉，要记住："生于忧患，死于安乐。"诚哉斯言！

反败为胜的殿堂

在瑞典有一个瓦萨沉船博物馆。它位于瑞典首都斯德哥尔摩老城区，著名的北欧博物馆边上的梅拉伦湖畔。博物馆的外形宛如停泊的战舰，三根高高的桅杆耸立在屋顶上，一片片层次分明的屋顶就如一面面卸下的风帆。

博物馆内陈列着17世纪的木质战舰"瓦萨"号。这艘战舰在海底沉睡了300多年，被打捞起来之后陈列于此。从战舰上的豪华雕刻和装饰物，可见当时瑞典王国的繁荣和执政者的奢侈。

"瓦萨"号战舰是瑞典国王古斯塔夫·奥道夫二世督造的，原设计为一层炮台。骁勇善战、被誉为北欧雄师的国王，为了建造出当时世界上最具攻击能力的战舰，又下令再加造一层炮台。其火炮数量之多、火力之强，可谓举世无双。

"瓦萨"号战舰出征那天，人们争先恐后目睹"世界之最"战舰的雄姿，称得上人山人海。战舰刚刚行驶出1000多米，当指挥官下令为国王鸣炮致礼时，一阵海风吹来，"瓦萨"号这艘国王寄予厚望的庞然大物，竟如弱不禁风的纸糊之物，迅速倾覆，沉入了波罗的海与梅拉伦湖的交汇处。

正在鏖战、热切盼望"瓦萨"号战舰前去增援的古斯塔夫·奥道夫二世，听到沉船的消息大为震惊，命人火速追查沉船原因。

他万万没有想到，应对沉船负责任的人正是他自己——在他命令加造一层炮台的时候，战舰的底部及骨架已基本完工。为了赶时间，工匠们只做了局部修改就加造了一层炮台。结果，战舰的上下结构比例严重失调，从而埋下了这艘号称当时世界“第一战舰”的大船短命沉没的祸根！

瓦萨沉船博物馆在昭示世人：违背科学、盲目决策，必将受到惩罚，甚至酿成巨大的灾难！

在美国纽约还有一个失败产品博物馆。该馆展出了美国大量不受消费者欢迎的失败产品，目前已多达8万多件，其中仅不同品牌的冷饮、酒类产品就达到300多种。

这些不幸的失败产品，有的是上市时间太迟，有的是与市场需要脱节，有的是产品名称不顺口或不悦耳，有的是商标不引人注目，有的是推销不力，更多的则是产品质量低劣、价格昂贵……

博物馆提供这样一组数字：美国每年推向市场的新产品达5400多种，但真正受到“上帝”青睐的却只有20%。

美国纽约的失败产品博物馆在昭示世人：必须千方百计地开发适销对路的新产品，而不是一拍脑袋便把失败产品扔向茫茫的市场。

世界各国越来越重视对失败问题的研究，在世界各地也一定还有很多各具特色的失败博物馆。人类的光荣，不在于从未有过失败，而在于屡败屡战，反败为胜。“失败是成功之母”这句人人皆知的名言，在失败博物馆里得到了深刻而精彩的诠释。斯迈尔斯在《自助》一书中指出：“我们从失败中学到的东西，要比从成功中学到的东西多得多。”展览失败，就是为了更好地赢得成功。

一座座失败博物馆，就是一座座反败为胜的殿堂。

学会合作

在现代社会中，竞争越来越激烈。其实，竞争与合作不仅是对立的，而且是统一的。竞争的加剧，客观上也促使人们学会合作，合作又帮助人们在竞争中获胜。

阿伦和阿皮都是我的朋友，过去这两个人的经济状况都不好。阿伦虽然善于在购买建筑用地时讨价还价，是一位出色的房地产洽谈专家，但在建造住宅方面却没有任何得意之笔和代表之作。阿皮虽然是一位出色的房地产建筑专家，但总是无法选准合适的建筑用地，也没有勇气去做个强硬的谈判人，因而无法施展自己的才能。

后来，他们两个人合作了。从一开始，这对合作伙伴就像天作之合。合作，使他们完成了无法单独进行的事业。阿伦是谈判高手，整天忙着购买未来的建筑用地，设计、转包以及洽谈材料价格。阿皮则埋头苦干，整天忙于建造房产，这正是他的拿手好戏。他们合作的第一年，就将生产力提高了4倍。虽然听起来难以置信，但是对于他们两个人来说，都是最成功的一年。合作，正是合作改变了他们的命运。

如果有志者同心协力，善于合作，就会珠联璧合，相得益彰，产生一加一大于二的倍增效果。从阿波罗登月飞船计划的实现，到曼哈顿计划的完成，人类文明许许多多的奇迹，都是集体智慧的结晶。

美国物理学家巴丁与肖克莱、布拉顿等人合作研究半导体取得成功，因此他们分享了1956年的诺贝尔物理学奖。

后来，当巴丁准备攻克“超导”之谜时，又与库珀、施里弗合作。最终他们也成功了，并一起分享了1972年诺贝尔物理学奖。

由于他们是依靠通力合作而达到了成功，所以大家把他们攻克“超导”之谜所提出的理论，取名为“巴（丁）库（珀）施（里弗）（BCS）理论”。

在一定意义上可以说，“巴库施理论”的诞生，是为弘扬合作精神而树立的一座丰碑。

社会越发展，合作越重要。有人统计，在诺贝尔奖设立的前25年，合作奖占41%，而现在则上升至80%。难怪美国哈佛大学心理学家赫华斯博士，把“与同事真诚合作”列为成功的九大要素之首。

张闻天说得对：“我们要善于同一切人合作，要能够‘兼容并包’，这并不是无原则和无目的地同一切人苟合。”君子和而不同，小人同而不和。我们不但要与志同道合的人同行，而且还要同走几步的“同路人”同行，还要争取路边的看客同行。

每天进步一点儿

大事小做，大事也会变成小事；小事大做，则小事也会变成大事。为实现非凡而付出的平凡，就成为组成非凡的一部分。

在1985年的美国职业篮球联赛上，洛杉矶湖人队赢得冠军的呼声很高，所有的球员都处于巅峰状态。但结果出乎意料，决赛时他们输给了波士顿的凯尔特人队。湖人队一蹶不振，所有的球员感到极为沮丧。

在1986年的美国职业篮球联赛开始之前，湖人队仍没有从失败的阴影中走出来，面临着重振雄风的重大挑战。教练派特·雷利为了让球员相信自己有能力登上冠军的宝座，便告诉大家，只要每人能在球技和配合上进步

1%，联赛便会取得令人满意的好成绩，便一定能登上冠军的宝座。

1%的进步似乎是微不足道的，可是如果12个球员每个人都进步1%，球队的整体实力便能比以前进步12%。经过苦练，大部分的球员都有了进步，而且不止1%，有的甚至高达5%。在这一年的美国职业篮球联赛中，湖人队势不可挡地夺得了冠军。

撑竿跳名将布勃卡有个绰号，叫“一厘米王”。他几乎在每次重大比赛中，都能刷新自己保持的纪录，将之提高一厘米。

巴塞罗那奥运会之前，有人披露其中的奥秘。布勃卡训练时经常能越过6.25米的高度，但在正式比赛中他从不一次用尽全部本事，而是一厘米一厘米地刷新自己的纪录。因为他与赞助人和运动会组织者有约，每破一次纪录，可得75万美元的奖金。所以他说，一次把所有的潜力用光是不明智的。

布勃卡如此这般，称雄多年。他的明智是以实力为基础的，别人不服亦不行。如果他平时不付出艰苦的努力，就不可能在比赛时不断刷新自己保持的纪录。

日本一些优秀的企业经常把一个词挂在嘴上，就是“改善”。这个词在日文里有“没有休止”的意义。事实上，改善就是不停止地进步，不管这种改善是多么的微不足道。只要每天能有小小的进步，天长日久持之以恒，就会孕育出惊人的成就。

人只要能像钟表那样，每秒摆一下，进步一点儿，不知不觉中，一年就能摆动3200万次，成功的喜悦就会慢慢地滋润我们的生命。

井不是一锹挖成的，城市不是一天建成的。天天做，不怕千万事；日日行，不怕千万里。优胜者往往不是那些跑得最快的人，而是那些每天坚持进步一点儿的人。

上进心是最大的资产

罗宾斯虽然没上过大学，却成为举世闻名的激励大师。尽管听他巡回讲演的费用不低，但不同职业、不同年龄的人听他讲演的热情一直很高，并经常提出一些问题请他当场回答。

在那次以开发人们上进心为主题的巡回讲演中，一个女青年迷惑不解地问："我从早到晚经常能看到你的身影，有时是在海报上，有时是在电视上。我发现你总是那么乐观向上，总是那么情绪高昂，你是怎么保持这种精神状态的？难道你就碰不到那些伤心与难过的事情吗？"

罗宾斯回答说："因为我有动力，有一种自强不息的强劲动力。我创办公司的目的不仅仅是赚钱，而且还要帮助那些需要帮助的老人、孩子、流浪者和坐牢的人。我有妻子和4个孩子，我希望自己能成为更好的榜样。我跟普通人一样，每天都要面对这样或那样的挑战，也会有伤心、难过的时候，也有泄气、愤怒和失望的时候。然而随着内在动力的不断增强，被这些情绪困扰的时间也就越来越短。由一个月至一周，再到一天，现在最多不超过15分钟。我有这样的一种切身体会，当知道自己最想要什么的时候，当对未来一直心存美好的向往的时候，当一个个有意义的人生目标向自己招手的时候，浑身就有用不完的力量。"

有一个男青年问："怎样才能把梦想变成现实？"

罗宾斯回答说："要把梦想变成现实，就得为自己营造志在必得的心态。先了解自己最想要什么，才能每天努力去追求，并维持追求的动力。贪婪、畏缩和缺乏动力是阻碍人们实现梦想的绊脚石，保持一种积极进取的心态是实现梦想不可或缺的要素。"

更多的听众则希望他回答下面的问题："在数十年的职业生涯中，你曾为克林顿和曼德拉释疑解惑，也曾给世界顶尖的运动员指点迷津，你这样一个没有任何靠山和背景的人，能够脱颖而出最主要的原因是什么？能不能用最简练的话来概括？”

罗宾斯几乎是不假思索地回答了4个字：“是上进心！”

接着他又补充道：“上进心是发动机，是我最大的资产。许多人之所以不能成功，并不是因为他们不能出类拔萃，而是因为他们不思进取，缺少上进心。上苍把生命借给每个人用，怎样经营，胜败得失，全在于自己的上进心。”

第二天，一位听讲演的记者将上面的问答整理发表在报纸的《成功者论坛》专栏上，醒目的标题就是：《上进心是最大的资产》。

52航班

1990年1月25日晚7点40分，阿维安卡52航班飞行在南新泽西海岸上11277.7米的高空。飞机上的油量还可以维持近两个小时航程。在正常情况下，飞机降落在纽约肯尼迪机场仅需不到半小时的时间。如果52航班在此刻采取降落措施，可以说是十分安全的。

然而阴差阳错，此后发生了一系列的耽搁。

晚8点整，肯尼迪机场管理人员通知52航班：由于严重的交通问题，飞机必须在机场上空盘旋待命。

晚8点45分，52航班的副驾驶员向肯尼迪机场报告他们的“燃料快用完了”，机场管理人员也确实收到了这一信息。

晚9点24分，飞机的两个引擎失灵；1分钟后，另外两个也停止了工作。

晚9点34分，耗尽燃料的飞机坠毁于长岛，机上73人全部遇难。

这本是个不该发生的悲剧，可究竟是什么原因导致了悲剧发生？

调查人员检查了飞机上的黑闸子并与机场的管理人员交谈之后，彻底弄清了导致这场悲剧的原因——信息沟通的失败。

首先，飞行员确实报告他们的“燃料不足”，可机场管理人员却告诉调查者：“这是飞行员们经常使用的一句话，意思是说，这没有什么可大惊小怪的。”由此可见，肯尼迪机场的管理人员一直未能理解飞行员所面对的真正困境。

其次，52航班飞行员的语调并没有向机场管理人员传递出燃料紧急的危险信息，其语调是冷静和不慌不忙的。机场管理人员说：“如果飞行员表明情况十分危急，那么所有的规则、程序都可以不顾，我们一定会以最快速度引导其降落的。遗憾的是，52航班的飞行员从未说过‘情况紧急’。”

最后，飞行员的素质和联邦飞行管理局的规定，也使52航班的飞行员不愿意声明“情况紧急”。就是说，飞行员在正式报告紧急情况之后，需要写大量的书面汇报。如果发现飞行员在计算飞行过程需要多少油量方面有疏忽大意之处，联邦飞行管理局就有权吊销其驾驶执照。正是这些因素，阻碍了飞行员及时而准确地发出紧急呼救。

这就是“燃料快用完了”的简单信息，既没有被明确地发出，又没有被充分地接收的原因，这就是悲剧没能避免的原因。

正因为不应该发生，罗宾斯才将其作为经典案例收入《组织行为学》一书；正因为不应该发生，才更引人深思。

阿维安卡52航班的悲剧表明，良好的沟通对于任何组织都十分重要。小到一项措施的颁布，大到战略策略的调整，都必须建立从下至上、从上至下的畅通的信息沟通渠道。否则，无论其他措施多么完美，都只是没有保证的设想而已。

及时发现苗头，才能有效控制势头。下意不为上知，上令难以下达，正是管理者与领导者的大忌。美国著名的管理权威德鲁克的“信息交流定律”说得对：

“只有在成功地进行了自下而上的信息交流以后，才能实现自上而下的信息交流。”

想到就能做到

1923年，沃尔特·迪士尼已经是一个技法娴熟的画家了。他为了实现自己制造一流卡通片的梦想，在加利福尼亚成立了以自己名字命名的公司。他坚信，自己一定能生产出既吸引儿童，又吸引成年人的一流卡通片。

天道酬勤，旗开得胜。1928年，迪士尼获得了巨大成功，卡通片《米老鼠》大受欢迎。到了20世纪30年代，这只可爱而顽皮的米老鼠已经吸引了世界各地的观众。到了1937年，好莱坞也对他刮目相看了，因为他制作的《白雪公主和七个小矮人》上映后赚得800万美元，并获得了奥斯卡奖。

接下来，迪士尼开始制作卡通片《匹诺曹》。画家们付出了6个月汗水，迪士尼仍不满意地说：“我知道已经绘制了一半，但希望大家都能够停下来。我们的《匹诺曹》看起来太僵化了，这样不行。”

大家同意他的见解，同时也担心地说：“可我们已经花掉了50万美元！”

当时迪士尼公司已经赢得了全世界的喝彩，如果考虑已经付出的50万美元和已失去的时间、人力、精力等，应付一次，也还能勉强过得去，但这不符合迪士尼追求完美的理念。他说：“我们必须不惜代价地坚持追求完美的原则，绝不能因为眼前的利益，而败坏了长远的信誉。”

结果制作《匹诺曹》共花掉了300万美元，比任何其他卡通片花的钱都多。1942年2月，当《匹诺曹》上映时，《纽约时报》把它称为迄今为止最好的卡通片，创造了一种由故事、声音和色彩三者完美结合的全新的艺术，把卡通片的发展推到了一个崭新的阶段。

按照追求完美的理念，迪士尼始终坚持“寓知识于娱乐之中”的经营战略，拒绝犯罪和色情镜头，不折不扣地保证质量，尽心尽力地精益求精，受到了世人的普遍欢迎。其作品中聪明活泼的“米老鼠”、满腹怨言而喋喋不休的“唐老鸭”、大智若愚的“三只小猪”以及帮助“白雪公主”的“七个小矮人”，使广大观众特别是青少年，从欢笑与愉悦中得到了知识、智慧与启迪。1994年，迪士尼制片公司发行的动画片《狮子王》，再次引起世界轰动，在全球20部最卖座影片排行榜上位居第4。

迪士尼提出过这样一个观点：“如果你能想到，你就能做到。”后来，管理界将这句话称为“迪士尼定律”。迪士尼确立了一流的理念，实现了一流的梦想，也收获了一流的回报。

1964年9月14日，美国总统约翰逊在白宫授予迪士尼自由勋章，并称赞他在娱乐方面“创造出了一个美国民间的奇迹”。

1988年，三家世界范围的独立调查公司联手进行了一项全球调查，得出“世界影响力最大的十大品牌”，“迪士尼”名列第5。

1995年12月，西班牙《趣味》杂志上发表的“改变本世纪经济生活的25位关键人物”中，将迪士尼列在福特之前而居企业家之首，并说：“他差一点儿荣获诺贝尔和平奖；他以其天才创作而获奖900多项，其中30项是奥斯卡奖。”

1996年，《幸福周刊》调查评选的“美国评价最好的公司”中，迪士尼公司排名第13，还被评为“最好的娱乐公司”。

1998年10月26日，美国《财富》杂志发布的“世界明星企业排行榜”中，迪士尼公司仅次于通用电气、可口可乐、微软而排名第4。

据英国《金融时报》报道：国际品牌咨询公司评估出的“世界知名品牌价值排行榜”，“迪士尼”以322.75亿美元列第6位。

成功不能照搬

人们容易被失败吓昏头脑，也容易被胜利冲昏头脑。

迪士尼公司在佛罗里达、加利福尼亚，乃至日本相继获得了巨大成功之后，其高层人士开始谋划向欧洲扩张：首先在巴黎投资44亿美元，建设一个占地5000英亩的迪士尼乐园，并配有6家宾馆和5200个房间；然后，再建立第二个、第三个迪士尼乐园。

迪士尼公司对自己的如意盘算心满意足，仿佛可以看到滚滚而来的人流和财源。既然在有2.5亿人口的美国，迪士尼乐园每年可吸引4100万的游客，那么按照同样的比例，在有3.7亿人口的欧洲，每年就可吸引6000万的游客，这应当没有任何问题，更何况欧洲人比美国人有更长的假期。比如，法国和德国雇员的假期一般是5个星期，而美国雇员的假期只有两个或3个星期。

但是迪士尼公司忘记了美国经济学家特伯的论断：“数字是死的，情况是活的，在数字中找不到安全”。

在1987年至1991年间，3个耗资巨大的欧洲迪士尼乐园相继在法国开放。

欧洲迪士尼乐园的门票是42.25美元，比美国的门票价格还高；宾馆一个房间一晚是340美元，相当于巴黎最高档宾馆的价格。

结果怎么样呢？完全出乎迪士尼公司的意料：到欧洲迪士尼乐园的

游客人数，只相当于到美国佛罗里达迪士尼乐园的1/3。在佛罗里达迪士尼乐园的游客通常要住上4天，到欧洲迪士尼乐园的游客最多也只能住两天。许多游客精打细算，一大早来到公园，晚上在宾馆住下；第二天早晨先结账，再回到公园游玩。宾馆的入住率仅仅为50%。乐园开放时正值欧洲严重的经济衰退，游客比以往要节俭得多，许多人自己带饭，根本不进迪士尼宾馆就餐。

一名来自法国南部的女游客，在和丈夫、3个孩子游玩了两天之后心痛地说："迪士尼乐园是一个无底洞，每当我们游览时，孩子总吵着要买东西。"

到1993年12月31日，欧洲迪士尼乐园累计亏损已达到60.4亿法郎。为了挽救奄奄一息的迪士尼乐园，公司从60家银行贷款29亿美元，利率高达11%。因此，迪士尼公司负债沉重，已不能靠经营来弥补由于利率上升而增加的费用，寻求新贷款的交涉也变得步履维艰。

迪士尼公司不得不进行认真的反思：为什么会事与愿违呢?

原来谋划和经营上的错误，主要是文化上的差异造成的。

比如迪士尼公司听说许多欧洲人不吃早餐，因此错误地缩小了餐馆的规模。一位管理者回忆说："你猜发生了什么？几乎每一个欧洲人都需要早餐。我们要在只有350个座位的餐馆里提供2500份早餐，等待早餐的队伍长得吓人。"

又如在迪士尼乐园内不准饮酒的规定，也引起了午餐和晚餐时习惯喝酒的欧洲人的强烈不满。

美国管理学者罗伯特·F. 哈特利对欧洲迪士尼乐园的决策进行了毫不客气的批评：

"成功不能照搬。在美国和日本成功，并不等于在欧洲一定成功。没有忧患意识，乃是最大的忧患。人们非得去你的迪士尼乐园吗？到了那里就非得吃你的饭菜吗？即使品尝了一下，就非得到你的宾馆去睡一觉不可吗？一切脱离实际、一厢情愿的结论，都是站不住脚的。管理切忌主观自大，尤其是面对一个陌生的不同文化背景时，想不到万无一失，就难做到万无一失。”

成功问答录

约翰·伍顿是美国UCLA篮球队的教练，曾带领球队连续十多次拿到全美篮球比赛的冠军。

有位教练问他：“您是如何指导球员，让任何一名球员进入球队后都变成冠军队伍中的一员？如何才能像您一样成功？”

约翰·伍顿回答说：“即使是篮球巨星，也要每天站在篮下5米处练习500次基本投篮动作。因为球员只有每天练投500次，遇到紧急状况时才能有超水准的表现。基本动作是最重要的，时日一久，球员必有相当程度的改变。”

盖瑞·布雷尔是美国高尔夫球场上的名将，在比赛中经常能准确地挥出完美无缺的一杆。

有位高尔夫球运动员问他：“怎样才能挥出完美无缺的一杆？如何才能像您一样成功？”

盖瑞·布雷尔回答说：“我每天早上起来坚持挥杆1000次，双手流血，包扎过后继续挥杆，连续挥了30年。”

接着，盖瑞·布雷尔又说：“你愿意付出每天早上起来坚持挥杆1000次的代价吗？你愿意重复一模一样的单调动作吗？”

比尔·戴维斯是世界第一流的保险推销大师。他的退休大会吸引了保险界的精英。许多同行问他：“推销保险的秘诀是什么？如何才能像您一样成功？”

比尔·戴维斯坐在台上，自信地微笑着，看来对回答这个问题是胸有成竹，早有准备。

这时，全场灯光逐渐暗了下来，接着从幕后走出了四名彪形大汉。他们合力扛着一座铁马，铁马下垂着一个大铁球。当现场同行丈二和尚摸不着头脑时，铁马被抬到一个十分结实的讲台上。

比尔·戴维斯手执小锤，朝大铁球敲了一下，大铁球没有动；隔了5秒，他又敲了一下，大铁球还是没动。就这样，每隔5秒，他都再敲一下……

10分钟过去了，大铁球纹丝不动；20分钟过去了，大铁球依然纹丝不动；30分钟过去了，大铁球还是纹丝不动……

台下的同行开始骚动了，后来有人陆续离场而去，再后来的人越走越多，最后留下来的只有零星几个人。但是，比尔·戴维斯手执小锤，还是全神贯注地持续敲着大铁球。

40分钟后，大铁球终于开始慢慢地晃动了，后来摇晃的幅度越来越大，就算有人想让大铁球立刻停下来，也是很难办到的事情了！

留下来的几个同行兴奋了，又开始追问他："推销保险的秘诀是什么？如何才能像您一样成功？"

一直默默不语的比尔·戴维斯说：

"只要方向对，成功者，绝不会放弃；放弃者，绝不会成功。"

成功的第一把钥匙

杰克·韦尔奇曾是一名初级工程师，经过长期的考验和考核，在100多名候选人中脱颖而出，被选定为美国通用电气公司董事长。人们称杰克·韦尔奇是"美国头号经理"和"世界头号企业家"，是全世界薪水最高的首席执行官。他的成功告诉我们，一种磐石般的自信在通往成功的道路上有多么重要。

1979年1月，通用电气前任董事长雷吉与韦尔奇有过一次对话，后来被人才学专家称为“第一次飞机面试”：

“韦尔奇，假如我和你在同一架商务飞机上，但不幸的是它要坠毁。你认为，谁应该是下一任的董事长？”

前任董事长雷吉用这个试题考过许多候选人，大多数候选人凭直觉选择了先争取逃生，然后再勇挑重担。但雷吉礼貌地解释说：“你没有生还的可能，这是绝对不可能的，因为咱俩在同一架将要坠毁的飞机上。”结果，所有的候选人都改变了主张，提出了新的人选。唯有韦尔奇与众不同，不仅坚持认为自己完全能够逃离那场劫难，而且坚持认为自己就是通用电气公司董事长的最佳人选。

“不是这样，不是这样，绝对不是这样。”雷吉打断了韦尔奇的话，“我是说，假如我同你都不幸遇难，到底谁应该成为董事长？”

韦尔奇还是不肯接受“不幸遇难”的假设，进而用变化的语言重复了不可动摇的自信：“我对自己是最佳人选是如此地充满信心，以至于我实在提供不出另外的合适人选。”

他们的“第一次飞机面试”，就这样因僵持不下而暂告结束。

时隔不久，他们又进行了一次谈话，后来被人才学专家称为“第二次飞机面试”：

“还记得我们上次假定在失事飞机上的谈话吗？”雷吉问。

“当然，那次您说我同您都不幸遇难了。”韦尔奇风趣地回答。

雷吉大笑起来，说：“那好，这次我们又到了一起，又在同一架商务飞机上，然后又遇到了飞机坠毁。”

“我们不会再一次不幸遇难吧。”韦尔奇抱怨着。

“韦尔奇，这次只假设我一个人死，而你还活着。那么这次你认为谁是通用电气公司下一任董事长的最佳人选？”

韦尔奇不加犹豫地回答：“这样更好回答了，当然只能是我。”

真是心想事成，心诚则灵。1981年，正是这个无比自信的韦尔奇，出任了美国通用电气公司董事长。当时公司的市场价值仅为120亿美元，可到了1997年，公司的资产达到3040亿美元，销售收入908亿美元，现金流量达93亿美元，股票每股回报率达51%；到了2001年，公司获利137亿美元，在世界500强中名列前茅。韦尔奇通过收购、放弃和合作等重要举措，使公司的每一项业务都遥遥领先。可以说，韦尔奇不负众望，在领导美国通用电气公司20余年的时间里，取得了举世瞩目的杰出成就。

两任董事长在回顾两次“飞机面试”的时候，先后深有感触地强调过同一个走向成功的重要思想：

“自信是通往成功的第一把钥匙。”

做最好的自己

那年到广州听成功学的系列讲座，王老师讲课的题目是：《如何鼓励下属成功》。他先给我们讲了一个故事：

有一天，一个士兵给拿破仑送信，由于马跑的速度太快、时间太久，在眼看到达目的地之时猛跌了一跤，那马一命呜呼，再也没站起来。

拿破仑看过信后，立刻写了回信，交给那个士兵，催促他骑上自己的战马，赶紧把回信送出去。

士兵看到那匹强壮的骏马，身上装饰得华丽无比，便对拿破仑说：“不，将军，我仅仅是一个普通的士兵，实在不配骑这匹漂亮强壮的骏马。”

王老师讲到这里就停了下来，让学员们猜猜拿破仑将如何回答。

有的学员说："拿破仑可能会让他立刻执行命令，因为军人应以服从命令为天职。"

有的学员说："拿破仑可能会向他说明回信的重要性，甚至关系到战争的胜负，军队的存亡。"

后面发言的学员讲的也都差不多。

王老师摇了摇头说："拿破仑斩钉截铁地回答道：'世界上没有一样东西是法兰西士兵所不配享用的。'拿破仑没有打任何官腔，平等、亲切的口吻，让那个士兵深受感动，并彻底抛弃了自卑自贱的想法，像个伟大人物那样跃马奔驰，又一次出色地完成了任务。后来，那个士兵成为一名优秀的军官。"

接下来，王老师又给我们讲了一个故事：

第二次世界大战后期，盟军准备发动一次大的进攻。一天傍晚，盟军统帅艾森豪威尔来到莱茵河畔散步，看见一个神情沮丧的青年士兵迎面走来。艾森豪威尔打招呼道："你还好吗，孩子？"

那青年士兵回答："我烦得要命！"

王老师讲到这里又停了下来，让学员们猜猜艾森豪威尔将如何回答。

有的学员说："他是盟军统帅，一定会说：'战争就要打响，你为什么萎靡不振？'"

有的学员说："你沮丧什么？军人应当视死如归，而不应该贪生怕死！"

后面发言的学员说的也都差不多。

王老师又摇了摇头："艾森豪威尔说：'嗨，你跟我真是难兄难弟，因为我也心烦得很。这样吧，我们一起散步，一起探讨如何打赢这场战争，这对你我都会有好处。'艾森豪威尔没有打任何官腔，平等、亲切的口吻，让那个士兵深受感动。士兵为有这样同呼吸、共命运的统帅而振奋。后来，那个士兵在战场上表现得十分英勇，多次立功。"

为了进一步阐述如何鼓励下属成功，王老师读了道格拉斯·马拉奇的一段小诗：

……

我们不能全是船长，必须有人去当水手。

每个岗位有许多事等待我们去做，

有大事，有小事，

但最重要的是做好我们身旁的事。

如果你不能成为大道，那就当一条小路；

如果你不能做太阳，那就做一颗星星。

不能凭大小高低来断定你的输赢，

不论你做什么，都要争做最好的自己。

最后，王老师在计算机屏幕上敲下了这样的话，作为“如何鼓励下属成功”这一课的总结：

“要以平等的身份和榜样的力量让下属懂得，自信是成功的第一把钥匙。权力大小和职位高低不是断定一个人价值和前途的根本标准。不论做什么工作，最重要的是敢于超越自我，尽全力做好身边的事，力争做最好的自己。”

不必太在意别人的议论

古时候，有一个经验丰富、手艺高超的王木匠。有一天，他来到齐国一个叫作曲辕的地方，看到一棵祭祀用的栎树。这棵树巨大无比，足可容纳上千乘马车在其树荫下纳凉，其粗百来尺，其干超过高山之后才分枝，能用来造一艘船的枝丫就有好几十枝。这样的奇树，引来围观赞叹的人潮有如赶集。王木匠的弟子们，也跟着众人屏息观赏着这棵罕见的神木。

但是，王木匠却正眼也不瞧，脚步也不停，就像没这棵树。弟子们饱览奇观之后，从后面急步赶上，诧异地问道："师傅，自从我们拿着刀斧追随您以来，还从不曾见过如此好的木材呢！可是您连看都不愿看上一眼，只顾走自己的路，这究竟是什么缘故呢？"

师傅回答说："好啦，不用再吹嘘了。那只不过是没用的树而已。别看它高大，啥用也没有！用它造船吧，太重了；拿它做棺材吧，很快就会腐烂；做器皿吧，又脆弱得装不了东西；拿它做门窗吧，太松；拿它做柱子吧，又容易生蛀虫。那是完全无用的木材呀！也正因为它不成材，才有这么高的岁数，这么大的个头。"

这一天，王木匠回到家里，晚上睡觉做了一个梦，栎树找到了王木匠，并对他说："你到底拿什么来和我相比呢？拿有纹理的树木来跟我相比吗？那梨、柚、橘、柑一类的树，结瓜结果，果实成熟了，立即被采摘下来，大枝被打断，小枝被打掉，身躯饱受摧残，这就是因为他们有用，才使自己一辈子吃尽苦头啊！而他们在俗世不断的打击中，要想不夭折，终其天年，也就变得不可能了。事物没有什么不是如此的。我为了求无所可用，费尽心思，也已经很久了，好不容易才成为今日所谓的无用之木。你所谓的'无用'，对我来说，才是真正的'有用'。假如我有用的话，能有这样的高寿和盎然生机吗？"

王木匠有了新的认识，就将梦中栎树的话告诉了徒弟们。

徒弟们不解地问："它既然只追求无用，做社神为的又是什么呢？"

师傅说："别多说！做社神不为别的，只为避开那些世人的批评议论而已。这正是无用可自保啊！我们应该换一种角度来看它。"

尽管仁者见仁，智者见智，但徒弟们还是达成了共识：在这个世界上，其实根本不存在什么绝对有用或绝对无用的事物。很多事物存在的意义，也并不能用简单的有用或无用来评判。对于别人，不应该用自己的标准去衡量他的成败得失；对于自己，只要在适合自己发展的道路上奋斗，也就不必太在意别人的议论。

这使我不禁想到下面的话：如果你是大河，就要力争更宽、更阔，何必太在意别人把你说成小溪；如果你是峰峦，就要力争更高、更绿，何必太在意别人把你说成平地；如果你是春风，就要力争更和、更煦，何必为一朵花的凋零而不停地叹息；如果你是种子，就要力争更神、更奇，何必为暂时没有结出果实而着急；如果你是向前发展的你，与其辩解或争论，倒不如勇往直前，微笑不语。

掌握万能钥匙的人

安德鲁·卡内基的祖籍是苏格兰。19世纪40年代，因他的父亲穷困潦倒，举家迁往美国，定居在匹兹堡。到了美国之后，生活仍然很苦，卡内基只读了几年小学，13岁就到一个纺纱厂当了童工。后来，他还当过锅炉工及电报派送员。

1860年，在美国南北战争前夕，卡内基到宾夕法尼亚州铁路线上工作。当时他年仅25岁，但少年老成。由于工作出类拔萃，老板决定提拔他为副总经理，可卡内基毫不犹豫地婉言谢绝了这一令人羡慕的重要职位。原来他发现：铁路的路轨、桥梁还都是用铁建造的，寿命不长，并导致事故频发。如果改用钢材建造路轨、桥梁，就可以彻底改变现状。他决心抓住这个难得的创业机遇。

1861年，卡内基辞去了在铁路的工作，与伍德罗夫合股在匹兹堡创办了钢铁工厂，并很快获得了成功。他们先后建立了“联合铁工厂”和“汤姆逊钢厂”，不久就控制了该地区的几个钢铁工厂，组成了“卡内基钢铁公司”。

美国南北战争爆发后，对钢铁的需求量猛增。卡内基钢铁公司的生产规模不断扩大，并获得了巨大的利润。几年间，卡内基钢铁公司生产的钢铁，占了美国总产量的一半以上，卡内基顺理成章地成为美国第一代赫赫有名的“钢铁大王”。到了1910年，他拥有的总资产超过了20亿美元。

这位“半路出家”的“钢铁大王”的迅速崛起，让人们充满了迷惑与不解。

成功学专家研究后指出：卡内基之所以能够在钢铁领域确立了霸主地位，有一个至关重要的决定性原因，那就是他善于识人和用人。他大量聘用技术人才，并为他们的工作创造优越的条件。他对专家、技工采取高报酬政策，凡是创造发明者和提供有益建议者，都可获得相应的奖励。同时，卡内基让年轻、有知识、有实践经验的人担任各生产部门的负责人，使他们有施展才华的舞台。这样，他的企业始终生机勃勃，发展迅速。

其实，卡内基本人曾经相当坦率地说出过自己成功的秘密：

“我不懂得钢铁，但我懂得制造钢铁的人的特性和思想，我知道怎样去为一项工作选择合适的人才。”

“即使将我所有的工厂、设备、市场、资金全部夺去，但只要保留我的技术人员和组织人员，4年之后，我将仍然是‘钢铁大王’。”

人可以创造一切。人是一切资源中第一宝贵的资源，而人才则是宝中之宝。后人称善于识别人才、选拔人才、使用人才和培养人才的卡内基，是“掌握万能钥匙的人”。

那么什么样的人才是“掌握万能钥匙的人”？

在安德鲁·卡内基（1835—1919年）的墓碑上，刻着一首发人深思的短诗。从这首短诗，大概可以找到这个问题的正确答案。请看：

这里安葬着一个人，
他擅长把那些强过自己的人，
组织到
他服务的管理机构中。

看来，所谓“掌握万能钥匙的人”，并不一定是样样才干强过别人的“万能”人，而是那些具备了知人善任超群才干的人。

创建坦普尔之魂

一百多年前，美国费城有位德高学博的牧师，名叫拉塞尔·康韦尔。他曾为创建一所服务于贫穷学生的大学所需的150万美元，奔波了5年，但收效甚微。

在举步维艰的时刻，康韦尔受到一个偶然的启发，意识到应当从挖掘自身的潜能着手，发挥自己的优势，满足他人的需要，同时也实现自己创建一所大学的理想。

在经过理智的分析、论证后，康韦尔决定利用自己做牧师的有利条件，利用自己所拥有的知识和才能，撰写演讲稿，以满足和引导人们向善的心理需要，通过演讲来赚钱，然后用演讲赚到的钱，来实现创建大学的理想。

康韦尔经过周密的思索，选取了一个新颖的角度，来阐发自己的演讲主题。他在演讲中讲了这样一个故事：

有个农夫拥有一块土地，靠着辛勤耕作，日子过得很不错。后来他听说，如果找到地下埋有金子的宝地，那只要随便抓一把就可以富得流油。于是，这个农夫急忙把自己的土地卖了，背井离乡，四处寻找埋有金子的宝地。他漂泊在遥远的异国他乡，但始终未能发现埋有金子的宝地。就这样，一晃15年就过去了，最后他落得囊袋空空，一贫如洗。一天晚上，这个农夫在绝望中自杀了。

可那个买下农夫这块土地的人，在耕种时意外地发现了埋在地里的金子；后来，又在这块土地下面发现了一座富有的金矿……

康韦尔带着这个故事演讲了7年。他用这个故事，更用自己的实际行动感动和启迪着人们向善的心理：财富，属于依靠自己土地的人；财富，属于自己去发掘的人；财富，属于相信自己能力的人；财富，属于为实现自己的理想而不屈不挠、坚持不懈的人。

康韦尔在7年的演讲生涯中，赚了800万美元。这笔钱远远超过创建一所大学所需要的数目。

1884年，他如愿以偿地实现了理想——创建了一所服务于贫穷学生的大学。

康韦尔千辛万苦创建的这所大学，矗立在宾夕法尼亚州的费城。它就是美国著名的80所一流名校之一——坦普尔大学。

坦普尔大学的成功创建，主要是因为康韦尔挖掘了自己隐藏着的智慧和能力，从自身做起。

提高境界，开发潜能，自立自强，善借外力，这大概就是康韦尔创建坦普尔大学的精神之魂。

记住，及时发掘隐藏在自身的金矿吧，那一定会是一笔可观的精神财富和物质财富！

请她到白宫工作

美国经济学家葛尔布莱，雇用了一位称心如意的女管家。她不仅做事精明干练，为人也相当忠实可靠。

那年秋季，葛尔布莱由于连续乘飞机到一些国家讲学，感到疲惫不堪。回到家里之后，他想睡一个好觉，好好调整一下。于是，他特意吩咐这位女管家，无论是谁来电话，都不要打搅他。

事也凑巧，就在葛尔布莱刚刚入睡的时候，急促的电话铃声响了起来。女管家拿起电话，轻声地问："您是哪一位？"

电话里传来了总统的声音："我是约翰逊，请帮我找一下葛尔布莱先生。"

女管家和气、委婉地说："总统先生，葛尔布莱先生刚刚从国外讲学回来，很疲劳，才入睡。请总统先生原谅，我暂时还不能叫醒他。"

听到这样的回答，约翰逊显得更加着急，加重了语气强调说："我有要紧的经济政策问题要同他商量，请您把他叫醒吧。"

女管家依然没有听从总统的调遣，进一步耐心地解释说："不，尊敬的总统先生，他身体有些不适，方才特意嘱咐过我，不接任何人的电话。我现在是替他工作，为他负责，而不是替您工作，为您负责。请您放心，待他睡醒之后，我一定将您打来重要电话的事情及时地转告他。何况只有在他休息好之后，才能精力充沛地同您讨论经济政策问题。您说对吗，尊敬的总统先生？"

女管家说得有理有据，滴水不漏，约翰逊心服口服，无可奈何，也就只好放下了电话。

葛尔布莱睡醒之后，知道了总统来电话一事，便抓紧时间同日理万机的约翰逊总统见面，特意表示了深深的歉意。

没想到约翰逊总统毫无怪罪之意，反而深有感触地对女管家大加赞赏，并提出了一个令其意想不到的建议："请转告您的女管家，如果她愿意，那就请她到白宫来工作。"

葛尔布莱用经济学家的眼光风趣地评论说："我不仅又一次感受到了女管家的忠于职守，而且又一次感受到了总统先生的知人善任。忠于职守一旦与知人善任相结合，就会出现相得益彰的良性循环。"

瑞典变富靠人才

瑞典的国土面积不到45万平方公里（不包括领海面积），人口1000万。

在19世纪末以前，瑞典一直是欧洲最贫穷的国家之一。那时，每年有成千上万的瑞典人离乡背井，逃到外国去谋生。

但是，瑞典经过近百年的建设，成为当时世界上最富强的国家之一。

瑞典平均2.5人有一辆小汽车，平均1.1人有一部电话，平均2.5人有一台电视机，平均330人有一名医生，全国人均住房面积达40平方米。

瑞典从1965年到1986年，国内生产总值从196.1亿美元增长到1144.7亿美元，20年时间增长了近5倍。

瑞典在1987年的人均国内生产总值已经达到18955美元，不仅比欧共体12个成员国人均13180美元的水平要高，而且比美国的18198美元也要高。

瑞典在近百年的时间里，由贫穷变富强的原因很多，比如长期的和平环境与比较稳健的经济政策，便是其经济保持较稳定发展的重要原因。但瑞典经济之所以能快速发展，还有一个根本性的原因，就是长期以来重视科学技术、重视人才的培养和使用，把人的积极性转化为国家经济前进的巨大动力。

瑞典特别注重培养人才和发展科学技术，认为这是发展经济的最有效的投资。统计资料表明，瑞典产业部门对员工投入的培训经费和研究经费占其周转资金总额的比重，从1975年的2%上升到1985年的3%；产业部门从事研究和开发的人员与雇员的比例，由1975年的1∶30上升到1985年的1∶20。

瑞典特别重视用好各类人才，使其能力得到充分发挥，充分应用，以避免人才的浪费。在这个国家，产业工人平均工资每月约为2000美元，而教授、专家和科学家的每月工资则在4000美元以上，绝不会出现脑体工资倒挂的现象。事实上，科学技术是第一生产力，教授、专家和科学家所创造的价值远比他们的收入多得多，给他们较高的报酬是十分合情合理的。

国家的发达，乃人才的发达；事业的繁荣，即人才的繁荣。正是由于瑞典举国上下注重培养人才和用好人才，经济发展才取得了令世人瞩目的成果。

美国的人才学专家姆斯说得对：“人类最大的悲剧是人才资源的浪费。”是的，再富强的国家，也会因为浪费人才而变得贫穷；与此相反，再贫穷的国家，也会因为珍惜人才而变得富强。

被告席上创商机

在当今的英国，一般地说，各大公司、企业最讨厌打官司、告状之类的事情。它们除了在经营上特别谨慎小心，每当出现诉讼便想方设法让原告撤诉。

但是，英国迈克斯宇宙足球厂却心甘情愿地打输了一场官司。

原来，足球厂的总经理接到一张法院的传票和原告的诉讼书。总经理起初想让秘书去处理这件事情，但诉讼书的内容把他吸引住了：

一位名叫琼斯的太太，声色俱厉地控诉她的丈夫有了外遇，一个“第三者”闯进了她的家庭，闹到了非离婚不可的地步。

“我20岁嫁给他后，他曾发誓不再与那个鬼东西来往。可是，结婚不到一个星期，他便偷偷摸摸跑到运动场约会去了。我警告他，可他听不进去。如今，他已40岁了，可还是迷恋那个东西，幽会也越来越多，甚至不分白天黑夜，我不能容忍！我必须与他离婚！”

法官问道：“琼斯太太，请你告诉法庭，第三者究竟是谁？”

琼斯太太说：“这个第三者不是风流浪荡的女人，而是使我丈夫神魂颠倒、人人皆知的足球！”

面对如此莫名其妙的控诉，法官哭笑不得。为了使她暂息雷霆之怒，法官只好劝了一句：“足球不是人，你只能控告生产足球的厂家。”

不料，琼斯太太闻风而动，果然指名道姓地控诉起来，对象便是年产20万个足球的宇宙足球厂。

总经理看完诉讼书之后立即敏锐地认识到，琼斯太太的控诉正好为宇宙足球厂生产的足球做了一次绝妙的广告！这个看起来荒唐的官司，说明他们生产的足球魅力无限。这正是宣传企业的绝佳机会，定会给企业带来滚滚财源。

开庭那天，法庭上座无虚席。宇宙足球厂总经理满面春风地站在被告席上，不仅不做任何辩解，而且向琼斯太太道歉，并十分诚恳地说：“尊敬的琼斯太太，我们真是对不起您，是我们厂生产的足球将您先生勾引得天天去足球场。足球使他撇下您，让您一个人独守空房，我们厂愿意赔偿您10万英镑的‘孤独费’。尊敬的琼斯太太，您赢啦！”说完就开了一张10万英镑的支票，递给了琼斯太太。

一时间，英国乃至世界的各大新闻媒体都报道了这件事，宇宙足球厂因此而声名大振。现在，世界每有重大足球比赛，使用的足球几乎都是宇宙足球厂生产的，足球的年销量翻了一番。

后来，英国迈克斯宇宙足球厂总经理在接受采访时说了句很发人深思的话：“与其说打官司是危机，倒不如说打官司是商机；与其说机遇像流水稍纵即逝，倒不如说机遇像泉水源源不断；与其说眼前缺少机遇，倒不如说缺少发现机遇的眼睛。”

最有效的教育方法

1895年10月的一天，一个年轻人到美国全国现金出纳机公司办事，恰巧遇到了该公司布法罗市营业处的约翰·兰奇先生。他向约翰·兰奇先生表示："我希望能在您的指导下成为一名合格的推销员。"

"可以一试。"约翰·兰奇先生直截了当地答应了。

两个星期过去了，年轻人走街串巷，结果一台出纳机也没卖出去。

他来到约翰·兰奇的办公室，希望能得到这位前辈的指教。

出乎意料，约翰·兰奇竟然破口大骂："哼，我早就看出你不是块干推销的料。瞧你一副呆头呆脑的样子，还不赶快给我从办公室里滚出去！你呀，老老实实地回家种地去吧！"

这个身材高大的年轻人，此时此刻简直无地自容。不过，他没有因为被数落而不满，只是默默地站在那里……

僵持了一会儿之后，约翰·兰奇没有继续发脾气，像换了一个人似的，请年轻人坐下，并和蔼地说："不要太着急了，让我们来好好地分析一下，为什么没有人买出纳机呢？记住，干推销不是一件轻松容易的事。如果零售商都愿意要出纳机，他们就会主动购买，就根本用不着让推销员去费劲了。推销是一门学问，而且学问很深。这样吧，改日我和你走一趟。如果咱们俩连一台出纳机都不能卖出去，那你和我就都回家吧！"

约翰·兰奇没有食言，过了几天，他带着年轻人上路了。

年轻人非常珍惜这个宝贵的机会，认真地观察这个老推销员的一举一动。在一个顾客那里，约翰·兰奇娓娓动听地说："买一台出纳机可以防止现金丢失，还能帮助老板有条理地保管记录，这不是很值得的事情吗？再有，出纳机每收一笔款，就会发出非常好听的铃声，让人心情很愉快……”

年轻人睁大眼睛看着一笔生意就这样谈成了。

后来，约翰·兰奇又带着这个年轻人外出推销，几乎都成功了。

年轻人后来明白，那天约翰·兰奇对他的粗暴，既不是真的看不上他，也不是心情不好拿他撒气，而是对推销员的一种特殊训练方式：先是将人的脸面彻底撕碎，然后告诉你应该怎样去做，以此来激发人的热忱和决心，调动人的全部潜能和智慧。

这个年轻人从约翰·兰奇那里学到了这种坚韧不拔的精神，学到了积极处世的态度。

1913年，他由于被人诬陷，被公司老板冷落了好几个月，直至最后被开除。尽管那一年他已经39岁了，但他相信自己定能东山再起。没用多长时间，他负责经营一家只有13个人的计算制表记录公司。遗憾的是经营很不顺利，公司几乎要破产，只能靠着大量的借贷，总算熬过了1921年的经济衰退期。

1924年，已经50岁的他将公司更名，希望公司能更上一层楼，成为真正拥有全球地位的大公司。他的儿子感到有些滑稽，曾做过这样的描述：“家父下班回来，拥抱母亲，骄傲地宣布：从此之后，计算制表记录公司改称比较响亮的——国际商用机器公司。我站在客厅的走廊上没法理解地想：就凭这个只卖小东小西的公司吗？”但从更名中也不难看出，这位伟大企业家勇于开拓进取的勃勃雄心和世界眼光。

上面说的这个人，就是IBM这个电脑巨人的伟大奠基者——托马斯·约翰·沃森。

托马斯·约翰·沃森成名之后，更加由衷地感谢约翰·兰奇对自己先斥责后提携、亲自带着自己推销的教育，认为这种教育影响了他的一生和他的企业，使他成为一个伟大的推销员，使IBM成为一个具有非凡推销能力的企业。正如美国一本杂志所说：“在企业历史上，IBM公司采取的推销活动，其影响力之大是空前的。”

1956年6月19日，82岁的托马斯·约翰·沃森在纽约逝世。《纽约时报》用显著版面刊登了讣告，并引用了当时美国总统艾森豪威尔声明中的一段话："托马斯·约翰·沃森的逝世，使我国失去了一个真正的杰出的美国人——一个首先是伟大的公民和伟大的人道主义者的企业家，我失去了一位诤友。"这个很高的评价，得到了世人的普遍认可。

事业发展的最大课题就是培养人才。从约翰·兰奇将托马斯·约翰·沃森引向辉煌的成功之路，我想起了日本管理学家上野明说过的一句话："工作是最合适的教材，困难是最高明的老师，用事实教育人是最有效的教育方法。"

化危机为良机

古往今来，许多有识之士不仅能在常机中发现和利用良机，而且能将危机转化为谋求发展的难得良机。

南宋时期7月的一天，临安最繁华的街市突然失火。火借风势，风助火威，数以万计的房屋商铺陷入迅猛蔓延的火海之中。

有一位裴姓富商，苦心经营了大半辈子的几间当铺和珠宝店，也恰在火势最凶猛的闹市之中。几十年的心血眼看着毁于一旦，但是他并没有让伙计和奴仆冲进火海，舍命抢救珠宝财物，而是从容不迫地指挥他们迅速撤离。那一副不慌不忙、听天由命的神态，令众人大惑不解。

大火烧了数日之后，终于被扑灭了，但大半个最繁华的街市墙倒房塌，一片狼藉，化为废墟，曾经车水马龙的临安冷清了许多。

在大火还没有被扑灭的时候，裴姓富商已经派人到长江沿岸以平价购回大量木材、毛竹、砖瓦、石灰等建筑用材。当这些建材像小山一样堆起来的时候，他又归于沉寂，整天品茶饮酒，逍遥自在，好像失火压根儿与他毫无关系。

没过多久，朝廷颁旨：重建临安繁华的街市，凡经营销售建筑用材者一律免税。

裴姓商人趁机抛售建材，获利巨大，其数额远远大于被火灾焚毁的财产。

1976年8月11日，美国有位经营肉类食品的老板，在报纸上看到一则似乎毫不起眼的消息：墨西哥的肉食牲畜发生了类似瘟疫的流行病。他立即想到，以往墨西哥的瘟疫一旦流行起来，很快就会传到美国。而美国与墨西哥相邻的两个州又恰恰是肉类食品的主要供应基地。如果瘟疫蔓延到美国，美国与墨西哥的肉类食品供应必然会紧张，肉价也必然会飞涨。

于是，他派人去墨西哥探得真情之后，立即调集大量资金购买大批菜牛和肉猪饲养起来。过了不久，墨西哥的瘟疫果然蔓延到了美国的这两个州，市场肉价立即飞涨。时机成熟了，他趁机大量售出菜牛和肉猪，净赚数百万美元。

1995年年初，日本发生了大地震。这次大地震使大阪和神户等地的生产几乎陷于瘫痪。当时，各国大多数报刊都对此作了较为详细的报道。

外行看热闹，内行看门道。北京有位叫金萍的女士从中“悟”出了商机：大阪的新日本钢铁厂已经完全停产，至少半年才能复工，而该巨型钢铁厂生产的优质冷轧薄钢板每年向我国出口至少50万吨，在我国钢材市场上甚受欢迎。她立即把这信息和以前掌握的有关数据资料，传给了江苏省一家钢材销售公司。该钢材销售公司经理马上调集人力财力，购进了5千吨优质冷轧薄钢板，比其他公司抢先一大步。

果不其然，优质冷轧薄钢板因货源紧缺，每吨涨了100至400元。该钢材销售公司一下子赚了近百万元！经理先生挺豪爽，到年底支付了金萍女士1万元人民币的信息费。

弱者常常抱怨危机，等待良机；强者常常开发危机，创造良机。与其说是良机抛弃了弱者，倒不如说是弱者远离了良机；与其说是强者等到了良机，倒不如说是强者创造了良机。良机不仅需要等待，而且更需要创造。

神州遍落“肯德基”

美国肯德基国际总公司为了打进中国市场，起初派出了一位执行董事前来考察。这位执行董事来到北京，看到川流不息的街道，喜出望外，迅速地报告说：“炸鸡市场大有潜力。”但肯德基国际总公司以不称职为由，降职调动了这位执行董事。

肯德基国际总公司又派出了一位执行董事前来考察。这位执行董事来到北京，用秒表测出了几条街道上的人流量；先后请500个不同年龄、职业的人品尝炸鸡样品，详细询问他们对炸鸡的味道、价格、店面设计等方面的意见；还对北京的鸡源、油、面、盐、菜及饲料业进行了调查，并将所有样品带回美国，逐一做化学分析……经电脑分析得出了令人振奋的结论：“肯德基”打入北京市场有巨大的竞争力。

很快，中美合资办起了北京肯德基家乡鸡快餐店。肯德基家乡鸡的味道鲜美，独具风味，很受顾客欢迎。肯德基家乡鸡炸出的两小时之内最好吃，超过两小时味道就差些了。因此，肯德基家乡鸡快餐厅的美方老板作出规定：“炸鸡出锅两小时之后，未卖出的一律扔掉！”好端端的炸鸡被扔进垃圾箱，大家深感惋惜。有人说，太浪费了。有人建议，或廉价销售，或内部处理。可美方老板算的不是这笔账。他认为：质量第一、信誉第一的经营之道不可动摇！如果将这些炸鸡廉价销售，就会影响肯德基家乡鸡的信誉；如果将这些炸鸡内部处理，就会助长员工的不正之风。这些对于企业发展都是很危险的。

1990年北京举办亚运会，组委会上门要求肯德基家乡鸡快餐店提供盒饭。出乎意料的是，一笔找上门的好生意却遭到肯德基家乡鸡快餐店的拒绝。因为亚运村距离前门店较远，万一因堵车导致运送时间过长，就无法保证肯德基家乡鸡的美味。此举虽然失去了一大笔生意，却被传为美谈，赢得了长久的信誉。

结果比预测的还要好。北京肯德基家乡鸡快餐店开张不到300天，盈利高达250万。原计划需要5年才能收回的成本，结果不到2年就提前收回了。

肯德基家乡鸡快餐店如雨后春笋，迅速遍及神州大地。

一次，上海肯德基有限公司收到3份肯德基国际总公司的鉴定书。鉴定书是对上海外滩的肯德基家乡鸡快餐店工作质量的3次评分。3次评分是：83、85、88分。公司的中外方经理都为之瞠目结舌，美国肯德基国际总公司的3次鉴定分数是怎么得出来的呢？原来，美国肯德基国际总公司雇用、培训了一批人，让他们佯装顾客，秘密检查和评分。这些“神秘的顾客”来无影，去无踪，毫无规律。这使各地的经理、员工时时感到某种压力，丝毫不敢疏怠。

现在，美国肯德基国际总公司繁衍的“子嗣”超过10000个，遍布全球60多个国家。

一叶知秋，见微知著。周详地调查，科学地决策，严格地管理，有效地督察，及时地拿掉不胜任者，选派新的胜任者，不为眼前的小利而动摇，始终坚持质量第一、信誉第一的远大目标，这便是“肯德基”遍落神州的基本成功之道，也是任何事业的基本成功之道。

逆水行舟，不进则退。停止进步之日，便是开始落后之时。事业的大小是相比较而存在的，也是不断地发展和变化的。从发展和变化的观点看，事业的大小并不是评价事业成败的标准。事业小，不见得都是失败；事业大，也不一定都是成功。成功不是居高临下的自我陶醉，而是对自己所创高度的一次又一次的刷新和超越。一次又一次地刷新和超越，就是一次又一次地走向成功。

诚实的意外收获

有一个穷苦的小男孩，13岁的时候父亲就去世了。于是，他不得不到一家银行打工，帮助母亲维持全家清苦的生活。

那天风雪交加，银行派他到客户家中去取300法郎。正巧那位客户一家人有急事要外出，在匆忙中他收到款项后就返回了银行。当他仔细清点时，发现多出了300法郎。他立即跑回客户那里，一直等到天黑客户一家才回来。他将多出的钱如数还给了客户。

客户收下钱后，问了他的一些情况，很感慨地对他说："你人穷志不短，是一个诚实的好孩子！我欢迎你有空时常来聊天，我愿意和你做朋友，也许对你能有所帮助。"这时候他才知道，这个客户就是当时著名的数学家高斯先生。

从此以后，小男孩经常去高斯家，请教有关数学及电报方面的知识。小男孩长大后，高斯让他辞去银行的工作，出资帮助他到柏林经营书店。在经营书店的过程中，他克服了许多困难，积累了宝贵的经验，锻炼得越来越成熟。这是他人生转折的开始，为以后的大展宏图奠定了坚实的基础。

1850年，他建立了欧陆通讯网；1851年，他迁址到伦敦，发展成日后的路透社，成为世界四大通讯社之一。1865年，他把路透社扩展成为一家大公司。这个人就是赫赫有名的保罗·朱利叶斯·路透。

保罗·朱利叶斯·路透功成名就之后，免不了要接受多次采访，其中不少人请他道出成功的奥秘。他常用这样的话来回答："我能幸运地得到高斯先生的资助，主要不在于精明，而在于诚实。假如起初没有高斯先生的资助，也就没有我后来的发展，更没有后来的路透社。可以说，路透社是我诚实的意外收获。"

百年经典两小事

美国的四季宾馆，是全球赫赫有名的一流宾馆。在该宾馆发生的两件小事，都被选入了《20世纪的百年管理经典》一书。

请先看第一件小事。

在一位客人走出四季饭店乘出租车急驰而去的时候，看门人注意到客人的箱子落在了路边。看门人检查了箱子，找到客人公司的电话号码，立刻给客人的秘书打了电话，诉说了刚刚发生的事情。

秘书着急地说："他是去波士顿参加一个紧急会议。我敢肯定，他需要箱子里的文件。"

看门人询问了客人乘坐的航班，决定赶在飞机起飞前把箱子交给他。他上了出租车，直奔机场，但因交通拥挤，还是迟到了。

看门人再次给那个秘书打了电话，秘书对此表示非常感谢，但不自觉地叹了口气，显得既十分焦急，又无可奈何。

看门人说："小姐，您不必担心，我刚买了去波士顿的机票，一定能在开会前把箱子交给他。"

"什么？您要……坐飞机把箱子送到他手里？"秘书有些不敢相信自己的耳朵。

“是的。”

看门人乘班机飞到波士顿，在会议开始之前将箱子交给了那位客人，并于当天返回工作岗位。

再请看第二件小事。

南希·里根应芝加哥的一个企业邀请，同意参加在四季宾馆举行的资金筹措会，并做演讲。

这个企业的总经理要求，所有高层成员都要衣着得体地出席，向当时的第一夫人表示欢迎与敬意。

一个渴望一睹南希·里根风采的过路人，听说后也按时赶到了四季宾馆。他进入会场之后恍然大悟，此刻应该穿晚礼服，可自己却依然穿着上班时的服装。“显然已经没有时间回家换衣服了。”正在他思考应该怎么办的时候，服务员注意到了他脸上犹豫不决、进退两难的表情，于是走上前去问：“先生，我可以为您做些什么吗？”

过路人说明了遇到的麻烦后，服务员自告奋勇地说：“我的一位朋友今天不上班，您可以穿他的晚礼服，他是不会介意的。”

非常不巧，他们只找到了一件干净的衬衫，晚礼服被拿到洗衣房去了，但服务员却继续想办法：“您可以穿上我的晚礼服试试。”

服务员没有因为自己的衣服比过路人的大而犹豫，他试图把袖子和裤腿用别针别住，尽量使衣服看起来合身。当看到这一切努力的效果不佳时，服务员给宾馆的裁缝打了电话，裁缝立即赶来，当场修改衣服……

随后，过路人衣着得体地参加了会议，实现了一睹当时第一夫人风采的愿望。

会后，过路人发现自己的套装已被熨烫过，并整齐地挂在衣架上。为了表达感激之情，他把口袋里的现金和支票都拿了出来，但是服务员一分钱也不接受，并坚持说：“我的工作就是为客人服务，为客人排忧解难。”

过路人说：“可我并不是贵宾馆的客人，而是从大街上走进饭店的旁观者。”

服务员风趣地说：“说不定哪一天，您也会成为我们四季饭店的客人。”

不久，这个过路人将一个国际性的商务会议“拿”到了四季宾馆。

上面的两件小事，使人想到了以匈牙利全面质量管理国际有限公司顾问波尔加·韦雷什·阿尔巴德名字命名的阿尔巴德定律：“一个企业经营成功与否，全看对顾客的要求满足到什么程度。”是的，看到了顾客的需要，就意味着成功的开始；满足了顾客的需要，就意味着成功的全部。

马莉超短裙

有一天，服装设计师马莉女士在服装商店里闲逛，听到几位充满青春活力的姑娘正在叽叽喳喳地议论着一款新设计出来的裙子：

“这款裙子太长了，给老年人穿才合适，这正好掩盖她们失去弹性的双腿。”

“太对了，我们修长的腿在这款裙子里面，谁也看不见。这在文学上叫什么来着？哦，这叫作暴殄天物。”

“现在的时装设计师太没有创意，也太没有想象力了，怎么没有一位能够替我们这些年轻人着想一下的大师呢？”

说者无意，听者有心。马莉女士产生了灵感，一个大胆的设计方案在脑海中“蹦”了出来：

“原来年轻人喜欢把自己最靓丽的一面展示在世人面前。”

“做超短裙，让年轻姑娘大胆地向世人展示修长的大腿！”

有了好的创意，必须马上付诸行动。马莉女士看到了商机，再也没有心思闲逛了。她不敢有半点的怠慢，组织力量连夜开工，把能找到的布料都拿出来，边设计边加工，一夜之间就推出了数十种不同面料的超短裙。

第二天一大早，她又亲自派人把“马莉超短裙”送到闹市的一些商店，摆放在橱窗的最显眼处。不一会儿，就吸引了不少爱美的姑娘。

姑娘们奔走相告同一信息：“‘马莉超短裙’太迷人了，穿在身上，马上就能感受到强烈的青春气息。”

一连数日，工人们加班加点地生产“马莉超短裙”，可还是满足不了市场的巨大需求。

有人问马莉女士，为什么能成功?

她说，主要靠“三多”和“三快”，就是多看、多想、多做；快设计、快投产、快上市。因为当今世界流行快节奏，时过境迁之后，即使是流行、火爆的样式也会变得一文不值。

尽力而为还不够

在美国西雅图的一座著名教堂里，有一位德高望重的牧师——戴尔·泰勒。

有一天，他给教会学校一个班的学生们讲了下面这个故事。

那年冬天，猎人带着猎狗去打猎。猎人一枪击中了一只兔子的后腿，受伤的兔子拼命地逃生，猎狗在其后穷追不舍。可是追了一阵子，兔子跑得越来越远了。猎狗知道实在是追不上了，只好悻悻地回到猎人身边。猎人气急败坏地说：“你真没用，连一只受伤的兔子都追不到！”

猎狗听了很不服气地辩解道：“我已经尽力而为了呀！”

再说兔子带着枪伤成功地逃生回家了，兄弟们都围过来惊讶地问它："那只猎狗很凶呀，你又带了伤，是怎么甩掉它的呢？"

兔子说："它是尽力而为，我是竭尽全力呀！它没追上我，最多挨一顿骂，而我若不竭尽全力地跑，可就没命了呀！"

泰勒牧师讲完故事之后，又向全班郑重其事地承诺：谁要是能背出《圣经·马太福音》中第五章到第七章的全部内容，他就邀请谁去西雅图的"太空针"高塔餐厅参加免费聚餐会。

《圣经·马太福音》中第五章到第七章的全部内容有几万字，而且不押韵，要背诵其全文无疑有相当大的难度。尽管参加免费聚餐会是许多学生梦寐以求的事情，但是几乎所有的人都浅尝辄止，望而却步了。

几天后，班中一个11岁的男孩，胸有成竹地站在泰勒牧师的面前，从头到尾地按要求背诵下来，竟然一字不漏，没出一点差错，而且到了最后，简直成了声情并茂的朗诵。

泰勒牧师比别人更清楚，就是在成年的信徒中，能背诵这些篇幅的人也是罕见的，何况是一个孩子。泰勒牧师在赞叹男孩那惊人记忆力的同时，不禁好奇地问："你为什么能背下来这么长的文字呢？"

这个男孩不假思索地回答道："我竭尽全力。"

16年后，这个男孩成了世界著名软件公司的老板。他就是比尔·盖茨。

泰勒牧师讲的故事和比尔·盖茨的成功背诵对人很有启发：每个人都有极大的潜能。正如心理学家所指出的，一般人的潜能只开发了2%~8%，像爱因斯坦那样伟大的大科学家，也只开发了12%左右。一个人如果开发了50%的潜能，就可以背诵400本教科书，可以学完十几所大学的课程，还可以掌握二十来种不同国家的语言。这就是说，我们有90%的潜能还处于沉睡状态。谁要想出类拔萃、创造奇迹，仅仅做到尽力而为还是远远不够的，特别是在关键时刻，还必须竭尽全力。

成功的道路是目标铺出来的

心理学家曾经做过这样一个实验：

心理学家组织3组人，让他们分别向着10公里外的3个村子进发。

第一组的人既不知道村庄的名字，又不知道路程有多远，只告诉他们跟着向导走就行了。刚走出两三公里，就开始有人叫苦；走到一半的时候，有人几乎愤怒了，他们抱怨为什么要走这么远，何时才能走到头，有人甚至坐在路边不愿走了；越往后走，他们的情绪也就越低落。

第二组的人知道村庄的名字和路程有多远，但路边没有里程碑，只能凭经验来估计行程的时间和距离。走到一半的时候，大多数人想知道已经走了多远，比较有经验的人说："大概走了一半的路程。"于是，大家又簇拥着继续向前走。当走到全程的四分之三的时候，大家情绪开始低落，觉得疲惫不堪，而路程似乎还有很长。当有人说："快到了！快到了！"大家又振作起来，加快了行进的步伐。

第三组的人不仅知道村子的名字、路程，而且公路旁每一公里就有一块里程碑。人们边走边看里程碑，每缩短一公里大家便有一小阵的快乐。行进中他们用歌声和笑声来消除疲劳，情绪一直很高涨，所以很快就到达了目的地。

心理学家得出了这样的结论：当人们的行动有了明确目标，并能把自己的行动与目标不断加以对照，进而清楚地知道自己的行进速度和与目标之间的距离的时候，人们行动的动机就会得到维持和加强，就会自觉地克服一切困难，努力达到目标。

这使人联想到罗斯福总统的夫人与萨尔洛夫将军的一次对话。

罗斯福总统的夫人在本宁顿学院念书的时候，打算在电信业找一份工作，以补贴生活。她的父亲为她引见了自己的一个老朋友——当时担任美国无线电公司董事长的萨尔洛夫将军。

将军热情地接待了她，并认真地问："想做哪一份工作？"

她回答说："随便吧。"

将军神情严肃地对她说："没有任何一份工作叫'随便'。"

片刻之后，将军目光逼人，以长辈的口吻提醒她说："成功的道路是目标铺出来的。"

如果将心理学家的结论用萨尔洛夫将军的语言来表达，那就是："成功的道路是目标铺出来的。"

如果人生没有目标，就好比在黑暗中远征。人生要有目标，一辈子的目标，一个时期的目标，一个阶段的目标，一个年度的目标，一个月的目标，一个星期的目标，一天的目标……一个人追求的目标越高，他进步得就越快，对社会也就越有益。有了崇高的目标，只要矢志不渝地努力，就会成为壮举。

如果将心理学家的结论用哲人的语言来表达，那就是："伟大的目标构成伟大的心灵，伟大的目标产生伟大的动力，伟大的目标造就伟大的人物。"

第四章

用智慧为财富开路

竞争和互助如车之两轮、鸟之两翼，是发展任何事业的相辅相成的两个方面。竞争不能离开互助，离开了互助的竞争，势必发展成尔虞我诈；互助也不能离开竞争，离开了竞争的互助，势必失去强劲持久的动力。

富豪只借1美元

一位犹太富豪走进一家银行，到了贷款部，举止得体地坐下来。

“请问先生，您有什么事情需要我们服务吗？”贷款部经理一边小心地询问，一边打量来者的穿着打扮：名贵的西服，高档的皮鞋，昂贵的手表，还有镶嵌着宝石的领带夹子……显然是一个很有实力和修养的人。

“我想借点儿钱。”

“完全可以，您想借多少呢？”

“1美元。”

“只借1美元？”贷款部的经理惊愕了。

“我只需要1美元。可以吗？”

“当然，只要有担保，借多少，我们都可以照办。”

“好吧。”犹太人从豪华的皮包里取出一大堆股票、国债、债券等放在桌上：“这些做担保可以吗？”

经理清点了之后说：“先生，总共50万美元，做担保足够了。不过，先生，您真的只借1美元吗？”

“是的。”犹太富豪不露声色地回答。

经理干脆地说：“好吧，请到那边去办手续吧，年息6%，只要您付出6%的利息，一年后归还，我们就把这些股票、国债、债券等都还给您……”

“谢谢……”犹太富豪办完手续，便从容离去。

一直在一边旁观的银行行长怎么也想不明白，一个拥有50万美元的人，怎么会跑到银行来借一美元呢?

他从后面追了上去，大惑不解地说：“对不起，先生，可以问您一个问题吗？”

“你想问什么？”

“我是这家银行的行长，我实在弄不懂，您拥有50万美元的家当，为什么只借1美元呢？就算您想借40万美元的话，我们也会很乐意为您服务的……”

“好吧！既然你非要弄个明白，那我就把实情告诉你。我到这儿来，是想办一件事情，可是随身携带这些票券很碍事，不方便。我到过几家金库，要租他们的保险箱，租金都很昂贵。我知道贵行的安保很好，所以嘛，就将这些东西以担保的形式寄存在贵行了。由贵行替我保管，我还有什么不放心呢？况且利息很便宜，存一年才不过6美分……”

既有头脑又有金钱的人是幸运的，因为他能用头脑支配金钱。

只有金钱而没有头脑的人是不幸的，因为他的头脑只能被金钱所支配。

文无定体，商无定市。经商斗智，善谋者胜。

点滴毫厘出巨富

洛克菲勒是美国第一个拥有10亿美元资产的巨富。他成功的原因固然很多，但从他一丝不苟地降低成本和开支的小事，足以看出他能够成功的一个重要原因。

有一次，洛克菲勒追问下属："上月你厂报告手头还有1119个油桶塞子，本月初又供给你厂1万个，你厂用去9527个，可你厂报告现存1012个，那么另外580个油桶塞子到哪去了？"下属大概不会想到，洛克菲勒连管理油桶塞子的小事也没有放过。

还有一次，洛克菲勒在美孚石油公司的一个包装出口火油的工厂发现，封装每只油罐都用40滴焊料。他经过多次试验证明：用38滴焊料封装每只油罐，偶尔有漏油；用39滴焊料封装每只油罐，既可以节约一滴焊料，又可以完全杜绝漏油的情况。于是，封装每只油罐都用39滴焊料，便成为美孚石油公司的统一标准。可见，洛克菲勒的管理之严格，就连一滴焊料也不放过。

又有一次，他写信质问一个炼油厂的经理："为什么你们提炼1加仑原油要花1分8厘2毫，而东部的一个炼油厂干同样的工作只要花9厘1毫？"洛克菲勒竟然把提炼一加仑原油的成本，计算到了1分钱的1%。

见微知著。从上面的这些小事，可以看到美国"石油大王"洛克菲勒管理思想的一个重要特点：不放过每一个油桶塞子！不放过焊料的一点一滴！不放过支出的一毫一厘！一句话，小处着手，大处着眼。

万里长城是一砖一砖砌成的，汪洋大海是一滴一滴汇成的。巨富核算到点滴和毫厘，正是巨富之所以成为巨富的一个重要原因。

妇女服装业的牛顿

上世纪初，美国女性美的一个重要标准就是胸部平坦，像男孩子那样。尤其是少女，如果胸部高耸，便被认为是下等人，没有教养，为社会所不齿。为了成为这样的“美女”，女孩子们只能早早地束胸。女孩子们虽然因违反天性的束胸而痛苦，但也只能默默地忍受着。

历史的车轮在不可阻挡地前进，前进到了应该冲破这种愚昧、反人性的束胸陋习的时刻。在美国最先向束胸陋习发起挑战，担当起这一历史责任的是一位来自俄国的妇女——依黛·罗辛萨尔。

许多具有特殊意义的事件的突破，往往是从一件很不起眼的小事开始的。

有一天，与依黛合开服装店的邓肯太太对她说：“你知道，我那小女儿的胸部特别丰满，要替她捆扎得平坦真是难上加难，而她又疼得很厉害，你看是否有办法改进一下衣服，让她少受些罪？”

对妇女束胸陋习不满的依黛，早已在考虑如何冲破这种陋习。好友的恳求，更加坚定了她推进服装改革的决心。

她把注意力集中在如何解除束胸给妇女带来的痛苦上，同时清醒地认识到，习俗的势力是强大的，她不可能一下子将其彻底打破。

经过一番苦心揣摩，依黛想出了一个比较理想的折中方案。她用一副小型的胸兜来代替捆胸的束带，然后在上衣胸前缝制两个口袋来掩饰乳房的高度。这种设计由于掩饰巧妙，既没有引起社会上的轰动，又在一定程度上缓解了妇女们的束胸之苦。一时间新服装成了畅销货，依黛的小店也热闹起来了。

初步的成功促使依黛深入思考：妇女占人口的半数，如果能设计出一种彻底解除她们束胸苦恼的服装，不仅可以获利，而且更重要的是，可以打破旧的服装传统，开创一个更符合女性天性的自然美丽、大方得体的女装时代。

不久，在妇女服装行业具有历史意义的胸罩诞生了。

当第一批胸罩做好后，依黛却犹豫了。旧的道德观念是可怕的，这一设计一旦遭到社会的齐声谴责，前功尽弃还不算，她和邓肯太太的小服装店也将彻底完蛋。

思考再三，她终于下决心：“不管它！社会接受也好，不接受也好，我要以我的设计公开向传统挑战，而且不计一切后果，奋战到底！”

同时，她也做了周密的准备：一方面扩大投资，成立“少女股份公司”，以壮声势；另一方面采纳邓肯太太的建议，暂时不在报纸上做广告，以免过多地刺激社会舆论。

第一批胸罩在纽约市场出现了。这如同平地起惊雷，妇女界轰动了，服装界轰动了，市民也轰动了。胸罩很快地被抢购一空！

出乎依黛的意料，虽然有一些人跳出来攻击，叫喊要禁止胸罩流行，但附和者寥寥。依黛最担心的报刊，竟对此事保持沉默，一言不发。而姑娘们看到反对之声不大，便争相购买胸罩，销量直线上升。

依黛意识到，大展宏图的时机来了。她果断地抓住了这一机会，迅速增加投资，购置设备，招聘工人，扩大生产，创造了世界妇女服装发展史上的一个奇迹。

几年时间，“少女公司”的员工由十几人增加到数千人，销售额由几十万美元骤增至几百万……20世纪30年代，严重的经济危机袭击美国，工业萎缩，大批企业倒闭，唯有依黛开创的妇女服装业一花独放，兴盛不衰。

依黛·罗辛萨尔这个名字，在世界妇女服装行业就像牛顿在科学界一样，早已无人不知，备受推崇。人们将永远怀念这位杰出的已故女企业家。

依黛·罗辛萨尔为什么被尊为世界妇女服装行业的牛顿？因为她用善良而智慧的爱心抓住了商机、创造了奇迹。

美丽牌的美丽

在20世纪30年代，国内各大城市香烟市场的竞争异常激烈，英、美等国厂商出口的“三炮台”“海盗”牌等香烟，铺天盖地、充斥市场，国产香烟几乎无人问津。

为了挽救危局，生产“美丽牌”香烟的上海华成烟草公司老板想出了一条妙计：在每盒香烟内，暗藏一张人们熟知的《水浒传》中108将的小画像。同时承诺，凡积累全套“梁山好汉”的小画像者，即可到华成公司各代理商店换取黄金二两。

广告一出，各地市民抱着好奇与侥幸的心理，争相购买“美丽牌”香烟，试着碰一碰有没有获得二两黄金的好运气。一时间，“美丽牌”香烟销量直线上升。

有的人集够了36个“天罡星”，却怎么也集不满72个“地煞星”；还有的人集到了107条好汉的小画像，但偏偏缺一张，而且所缺的都是“百胜将韩滔”这一张。于是，不少的人整条整条地购买“美丽牌”香烟，但只有极少数人找到了韩滔的画像。于是，“吸烟找韩滔”成了一句口头禅，流传很广。

华成公司的高额悬赏当然只是暂时的促销手段，但“美丽牌”香烟就靠这个办法，在激烈的市场竞争中站稳了脚跟。况且“美丽牌”香烟并不比洋烟差，价格又便宜，人们当然乐而为之了。

为了进一步开拓市场，生产“美丽牌”香烟的上海华成烟草公司老板又不惜成本，大做广告。

一天晚上，在闹市的夜空，出现了一幅巨型霓虹灯广告，它只有4个大字：“美丽烟香。”当时，在上海用霓虹灯做广告还是件新鲜事。

谁也不会想到，广告部的人竟然如此粗心，以至把“香烟”错排成了“烟香”。这个错误很快叫到烟草公司老板的耳朵里。公司的老板大为恼火，本想通过做广告大造声势，不料竟弄巧成拙。

老板立即将广告部的人叫来训斥一顿，接着像救火一样地率人直奔现场。

当他们赶到现场时，眼前竟出现了令人完全意外的场面：只见霓虹灯广告下面，聚集着越来越多的围观群众，人们议论纷纷：

“这么大的招牌竟然做错了！真是可惜！”

“其实没错。‘美丽烟，香！’说明了美丽牌香烟，烟香诱人！”

“对，没错！美丽烟，香！中国的烟就是比外国的烟香！”

……

老板一听，喜出望外，想不到做错的广告比不错的广告还要吸引人，还要有效果。他忙告诉广告部的人，不要去改正广告，就让它将错就错地挂在那里。

这个错误的广告，一传十，十传百，于是“美丽牌”香烟也跟着广为流传，更加畅销于市。

小事中有大智慧。上海华成烟草公司上面的两个办法，现在看来也许有些幼稚，但不乏智慧。正是这两个办法使“美丽牌”香烟走出困境，使“美丽牌”香烟更加美丽。

看来，有问题就有出路，有困难就有办法，出路和办法总比问题和困难多。思路一变天地宽。

小事中的大差距

清朝时杭州有个商人，名叫史键。他认为经商靠的是天时、地利、人和，而在这三者中又以人和最为重要。于是，当他决定再扩大经营时，最先想到的便是要招一名称心如意的好帮手。

如何才能找到个好帮手呢？史键想出了一个选人的办法。他贴出布告，说明店里招收徒弟的具体条件。经过初步的考察，他确定了三个面试对象，说好了在三人之中取其一。

到了面试那天，来面试的三个人一进门，史键便让他们一起先到厨房吃饭，而后再面谈决定去留。

当第一个面试者饭后来到店前时，史键问他："吃饱了没有？"

答说："吃饱了。"

又问："吃什么饭？"

答说："吃饺子。"

再问："吃了多少？"

答说："一大碗。"

史键说："你先休息一下。"

史键又问第二个："吃了多少个饺子？"

答："40个。"

最后问第三个："吃了多少个饺子？"

答："第一个人吃了50个，第二个人吃了40个，我吃了30个。"

史键当场决定留下第三个人，随即将前两个人打发走了。

史键为什么要留下第三个人呢？他认为，第一个人也许很豪爽，但只管埋头快吃，却不细心，不计数，是既不知己又不知彼；第二个人只记住自己吃多少，却不管别人，是明于知己暗于知彼；唯独第三个人可谓既知己又知彼，这正是生意人必须具备的眼观六路、耳听八方的重要素质。果然，第三个人被雇用后，精明能干，会经营又有头脑，很快便成了他的一个得力帮手。

还有两个同龄的年轻人，同时受雇于一家店铺，并且拿同样的薪水。

可是过了一段时间后，叫阿诺德的那个小伙子青云直上，而叫布鲁诺的那个小伙子却在原地踏步。布鲁诺很不服气，很不满意老板的不公正对待。终于有一天他到老板那儿发牢骚了。老板一边耐心地听着他的抱怨，一边在心里盘算着怎样向他解释清楚他和阿诺德之间的差别。

"布鲁诺先生，"老板开口说话了，"请你现在到集市上去一下，看看今天早上卖的都有什么。"

布鲁诺很快就从集市上回来向老板汇报说：“今早集市上只有一个农民，拉了一车土豆在卖。”

“有多少？”老板问。

布鲁诺赶快戴上帽子又跑到集市上，然后回来告诉老板：“一共40袋土豆。”

“价格是多少？”

布鲁诺又第三次跑到集市上问来了价格。

老板对他说：“好吧，现在请你坐到这把椅子上，一句话也不要说，看看别人怎么做，怎么说。”

接着老板派阿诺德到集市上了解同样的问题。

过了一会儿，阿诺德从集市上回来了，向老板汇报说，到现在为止只有一个农民在卖土豆，一共40口袋，价格是多少多少；土豆的质量很不错，他带回来一个让老板看看。这个农民一个钟头以后还会弄来几箱西红柿卖，据他看价格非常公道。昨天他们铺子的西红柿卖得很快，库存已经不多了。他想这么便宜的西红柿老板一定要进一些的，所以他不仅带回了一个西红柿做样品，而且把那个农民也带来了，他现在正在外面等回话呢。

此时老板转向了布鲁诺，说：“现在你肯定知道为什么阿诺德的薪水比你高了吧？”

尽管千人千品，万人万相，但人与人之间在素质上的差距，在很多情况下是很难分辨清楚的，更是很难用语言表达明白的，似乎都是半斤八两。然而遇到一些关键时刻，甚至是遇到一些关键的小事，人与人之间在素质上的差距却有显而易见的高低之分。台上一分钟，台下十年功；冰冻三尺，非一日之寒。人与人之间素质上的差距一旦明显化，那可就绝不是一朝一夕所形成的了。无论是在比较公正的环境里，还是在不够公正的环境里，与其埋怨别人给自己的待遇不公正，倒不如脚踏实地提高自身的素质。

妙用广告

有一次，一位先生对一个商人说："上个星期，我的伞在伦敦一座教堂里不知被什么人拿走了。因为伞是朋友作为礼物送给我的，所以，我花钱登报寻找，可还是没有找回来。"

"您的广告是怎样写的？"商人问。

"广告在这儿。"那位先生一边说着，一边从口袋里掏出一张从报上剪下来的纸片。

商人接过来念道："上星期日傍晚于教堂遗失黑色绸伞一把，如有仁人君子拾得，烦请送至布罗德街10号，当以10先令酬谢。"

"我说先生，"商人说，"我倒是常常登广告，那是挺划得来的啊。不过，广告的写法可大有学问。要找您那把伞，咱们再登个广告试试。"

说着，商人从口袋里摸出一张纸，在上面这样写道："上星期日傍晚，有人曾见某君从市教堂取走雨伞一把，取伞者如不愿招惹麻烦，还是将伞速送回布罗德街10号为妙。此君为谁，尽人皆知。"

这条广告见报了。次日一早，失主打开房门便大吃一惊。原来门前早已横七竖八地堆了12把伞。失主自己的那把黑色绸伞也夹在里头。好几把伞上还带着字条，说是没留心拿错了，恳请失主切勿将此事声张出去等等。

真是广告一登，死物逢生。找丢失的东西是如此，企业经营更是如此。用做广告招徕顾客，是现代社会的生意经。

一家烟草公司派推销员赴美国推销香烟。到美国后，正逢戒烟月，根本不让登推销香烟的广告，而且又赶上阴雨天气。如果在这里等一个月，住旅馆的费用太多不说，运来的香烟也会霉变受损。正当推销员急得团团转的时候，忽然看到房间里“禁止吸烟”的标语。于是，他灵机一动，想出了一个“逆中求顺”的促销高招。他跑到当地一家有影响的报社登了这样一则广告：“禁止吸烟，就连龙山牌香烟也不例外。”连登了三天，结果引起当地市民的极大兴趣。吸烟者心想：“连龙山牌也要禁止，究竟是怎么回事？非要试试龙山牌香烟有什么不同之处不可。”于是，推销员带来的香烟很快被抢购一空。

深圳一家公司的童车打入英国市场后，由于其中一辆童车钢圈受压变形，致使一名爱尔兰女孩摔伤住进医院。在公司企划顾问的策划下，总经理立即亲自飞往伦敦，在主要媒体刊发广告，声明对所有售出的单车的质量安全负责，并对存货进行质量安全检验。当地媒体又对此事给予了充分的关注和报道。结果，该公司在海外的信誉大增，次年英国代理商的订货量增加了8.5万辆。

企业经营如果忽视广告，或用不好广告，就好像在夜幕中向姑娘暗送秋波，尽管自己知道做了什么，但对方并不知道。写广告的伟大艺术，就在于找到一种能引起看广告人注意的适当方法，令人过目难忘。

用智慧为财富开路

美国“旅馆大王”康拉德·希尔顿，曾在达拉斯建造一座耗资数百万美元的新旅馆，以实现自己的“以得克萨斯州为基地，每年增加一家旅馆”的发展计划。但由于资金短缺，逼得他不得不中途停工。

希尔顿想了一个计策，毅然去找卖给他地皮的达拉斯大商人杜德，并直截了当地告诉杜德：“旅馆工程因缺乏资金，已经被迫停工，无法继续。”

杜德开始不以为然，认为希尔顿没钱盖旅馆与自己毫无关系。但想不到希尔顿接着说："杜德先生，我来找你是想告诉你，旅馆停工对我的确不是什么好事，但你的损失会比我更大。"

"我不明白你在说什么。"杜德被希尔顿的话惊呆了，连忙追问道。

希尔顿向他解释其中的道理："如果我向公众透露，旅馆停工是因为我想换一个地方盖旅馆，那么旅馆周围的地价必然暴跌。这样的情况显然对你更加不利，你看是不是这样呢？"

杜德想了想，觉得事实确实如此。于是，共同的利益使杜德不得不同意希尔顿提出的要求：由杜德出钱将那家旅馆盖好，然后交给希尔顿，待赚了钱后再分期偿还给杜德。

结果，由商人杜德出钱盖成的达拉斯希尔顿大饭店终于如期建成营业，使希尔顿朝着建立"旅馆王国"的理想又向前迈进了一大步。

一损俱损，一荣俱荣，生意场上存在着大量诸如此类的"共生""双赢"关系，运用得好，就能用别人的力量帮助自己渡过难关。

如果说用智慧开创出双赢的局面是值得称道的事情，那么用智慧开创出只赢不输的局面就更是难能可贵的事情了。

1992年，第25届奥运会在西班牙巴塞罗那举行。该市一家电器商店的老板，在奥运会召开前向巴塞罗那全体市民宣称："如果西班牙运动员在本届奥运会上得到的金牌总数超过10枚，那么顾客自6月3日到7月24日在本店购买的一切电器，就都可以得到退还的全额货款。"

这个消息轰动了巴塞罗那全市，甚至西班牙各地都知道了这件事。显而易见，大家此时在这家电器商店买电器，就等于抓住了一次可能得到全额退款的机会，于是，人们争先恐后地到那里购买电器。一时间，顾客云集，虽然店里的电器价格较贵，但商店的销售量还是大幅猛增。老板当然乐不可支。

然而出人意料的事情发生了，才到7月4日，西班牙的运动员就获得了10金1银，正好超过了该商店老板承诺的退款底线。此时距7月24日还有20天的时间。如果以前购买电器的退款已成定局，那么在后20天内购买的电器无疑也得退款，于是人们比以前更加卖力地抢购电器。

据估计，电器商店的退款将达到100万美元，看来老板是非破产不可了！当人们纷纷询问什么时候履行承诺时，老板却从容不迫、出人意料地说："从9月份开始兑现退款。"

"这是为什么？他能退得起吗？"人们的心里难免有类似的疑问。

原来，老板早作了巧妙的安排。在发布广告之前，他先去保险公司投了专项保险。保险公司的体育专家，仔细分析了西班牙可能得到的金牌数，一致认为不可能超过10枚。因为往届奥运会，西班牙得到的金牌数最多也没超过5枚，于是保险公司接受了这个保险。

可电器商店的老板却得到一个旱涝保收、只赚不赔的保险。如果西班牙运动员在本届奥运会上得到的金牌总数不超过10枚，那么电器商店显然发了一笔大财，保险公司也无须赔偿，结局是双赢。反之，如果西班牙运动员在本届奥运会上得到的金牌总数超过了10枚，那么顾客自6月3日到7月24日，在店里购买的一切电器，都可以得到退还的货款，但是电器商店要退的100万美元，届时将全部由保险公司赔偿，而与电器商店毫无关系，那么电器商店无疑发了更大的一笔财。不管得到多少块金牌，电器商店的老板都是只有赚钱，没有赔钱。

最能干的人，并不是等待机会的人，而是善于发现机会，运用机会，驾驭机会为自己服务的人。文无定体，商无定市。经商斗智，善谋者胜。

最有价值的财富

李兆基是香港恒基兆业主席，全球富豪排名第42位。

风无常顺，兵无常胜。1983年，香港经济低迷，商家的买卖都好不到哪儿去，李兆基也不能例外。

在李兆基身边工作多年的一名忠于职守的老员工，因炒楼炒股失败，血本无归，真是走投无路，欲哭无泪。

李兆基得知此事之后，不待对方开口求援，主动把会计何永勋叫进办公室来嘱咐道："帮他一把吧！"

何永勋忍不住地问："在这个时候帮他吗？"弦外之音是说，其实恒基兆业已欠下银行相当多的债务，有些自顾不暇了。

李兆基说："危难的时候，我不帮他，谁会帮他呢？"

何永勋又忍不住地问："您为什么一贯这样慷慨解囊，关怀自己的每一个属下？"

李兆基没有正面回答，而是先讲了小时候亲身经历的一件小事。

李兆基小时候，曾被送到父亲的"天宝荣"金铺去学习柜面工作，练习买卖黄金的本领。他从没有看过熔金打金的过程，于是在做完功课后，常到金铺看铸金匠如何熔金和打金器。

李兆基发觉铸金匠总是趁没有其他人在场时，带着一脸鬼鬼祟祟的神情，把一颗黄豆大的银白色、类似硼砂之物扔进熔炉去。他很疑惑：正常熔金的确需要加入一点硼砂，以使熔后的黄金光彩明亮。但如果铸金匠使用的是硼砂，为什么他总是鬼鬼祟祟的呢？李兆基暗下决心，非探个水落石出不可。

一天，李兆基看到铸金匠正向一个农民推销金器，一本正经地说："我们这儿卖出去的从来都是十足的黄金，毫无杂质。有些金铺熔金时故意多放一两粒白银，鱼目混珠，门外汉根本没法看出来呢！"

站在一旁的小兆基，恍然大悟。原来那铸金匠天天都在偷梁换柱，把银粒扔进熔炉去顶替黄金。金条自熔炉里提炼出来后，依然是金光灿灿，用肉眼谁也识别不出这大约1%的杂质。

李兆基计算过，这铸金匠每日偷取一点儿黄金，用不了几个月，他就可以铸成一两重的纯金金条。

小兆基原想立刻报告父亲。可又一想，父亲知道后，肯定会辞掉铸金匠。那么，由谁去掌炉铸金呢？纵使另雇他人，也难保一定不是偷金的高手。为了保全大局，小兆基忍下了这口气。

李兆基讲完了小时候的这段亲身经历之后，深有感触地说：“最有价值的财富不是万两黄金，而是朋友忠诚的心。我不能不用真诚去呵护每一个朋友那颗比金子还贵重的忠诚的心。”

何永勋明白了，要求别人忠诚，自己就得首先付出真诚。

不值钱中有商机

世上根本没有无价值之物，只是人们没有发现它潜在的价值。用我们那位修自行车的邻居的话来说，就是“有一物必有一主，天底下没有不值钱的东西，也没有卖不出去的东西”。

费涅克是一名美国商人，深知许多城市居民饱受各种噪音干扰。在一次休假旅游中，小瀑布的水声激发了他的灵感。他用立体声录音机，录下了许多小溪、小瀑布、小河流水发出的声音，还录下了许多鸟鸣的声音。然后，将整理复制的录音带高价出售。这种商品把那些久居闹市的人，带进了大自然的美妙境界。他的生意十分兴隆，尤其买“水声”的顾客川流不息，因为许多市民喜欢在水声的陪伴下安然进入梦乡。

弗雷德里克·图德被称为“冰王”，他因为经营人们认为不值钱的冰而发了大财。图德的想法很简单：把冰从不值钱的地方运到可卖高价的地方。这个大胆的想法，曾使同时代的人感到迷惑和可笑。不管别人怎么想、怎么说，图德全力以赴地忙于运冰，随之而来的是滚滚财源。仅1856

年，图德就向菲律宾、中国、澳大利亚、西印度群岛等地用船运送了14.6万吨冰。天道酬勤，图德从司空见惯的冰中获取了大笔利润。可以说，到了19世纪中期，图德已经牢牢地确立了自己的冰王地位。

浅野总一郎23岁时走出故乡的小山村，来到了满眼繁华的城市——东京。当时浅野总一郎身无分文，吃饭也成了问题。就在一筹莫展的时候，他发现了一个泉眼。已经整整一天没吃东西的浅野总一郎，用手捧起泉眼里的水来充饥解渴。没想到，他一喝完泉水，顿时觉得非常清凉，非常可口。他想："干脆卖水算了。"于是，他捡来卖水的工具，在路旁摆起了卖水的小摊，开始了他的卖水生涯。两年后，25岁的浅野总一郎已赚了一笔为数不少的钱，开始转向经营煤炭……

浅野总一郎30岁时，横滨市长听说他善于将无价值的东西经营出价值，于是就召见他说："你因很会利用别人眼中的废物而闻名，但不知人的排泄物你有没有办法利用？"

"只收集一两家的粪便不可能赚钱，但是收集成千上万人的大小便就会赚大钱。"浅野总一郎极其肯定地回答。

"怎样收集呢？"

"修建公共厕所。"

于是，浅野总一郎在横滨市长的支持下修建了63处公共厕所，成为修建日本公共厕所的始祖。然后，他将每座厕所收集粪便的权利以每年4万日元的价格卖给承包人。两年后，浅野总一郎用卖粪挣来的钱建立了日本第一家人造肥料公司。再后来，又创办了日本最大的浅野水泥公司，其资金也是靠卖这些公共厕所的粪便筹集的。

不值钱中有商机。很多人以为，赚钱的途径已被发掘得差不多了。事实上远非如此，开发经营在许多人眼中根本不值钱的东西，完全可能创造出令人耳目一新、为之一振的商机。一般来说，哪里有不值钱的东西，哪里便蕴藏着大有可为的商机。

小服务与大生意

那年在区政府工作时，随市政府的招商团参加了到美国的招商活动。在美国，区里一家中美合资企业的老板接待了我们，为了强调优质服务的重要性，他讲了两件小事。十多年过去了，可这两件小事依然让我记忆犹新。

第一件是帮顾客将1万美元的旧钞票兑换成新钞票之后，吸储1000万美元的事情。

有一天，上午10点多钟，一位陌生的顾客走进一家银行，请求将1万美元的旧钞票换成崭新的钞票，为的是当天下午14点开会时当作表彰的奖金用。接待他的职员说，业务太忙，请他下午再来。

接着，他又到过两家银行，接待他的职员也都以业务太忙为由婉言拒绝了。最后，他到花旗银行请求帮助。

当时，银行柜台里接待他的职员也很忙，而且没有1万美元的崭新钞票。但这名职员用15分钟，打了几个电话，终于凑齐了1万美元的崭新钞票。

这名职员把这1万美元的崭新钞票装进一个口袋里交给了顾客，同时递上一张名片，上面写着："谢谢您想到了我们的银行。"

第二天，那位偶然光顾的顾客又回来了，他在这里开了一个账户。在以后的几个月中，那位顾客所在的律师事务所在花旗银行的存款总额达到了1000多万美元。

帮顾客兑换了1万美元的旧钞，事后竟吸储1000多万美元，原因自然很简单，就是那名职员的优质服务，为花旗银行赢得了顾客的信任。

第二件是因为没及时接听电话而失去70万美元生意的事情。

林恩是纽约一家酒店的房务接待。一个早晨，她把前一天的几份订单重新装订入册，又回复了两份传真。然后，林恩看了一下时间，心想：吃早餐的时间已经过了，可接班的人怎么还没到？她犹豫了几分钟，心想快去快回吧，于是起身离开接待室吃饭去了。

15分钟之后，林恩返回，一切一如既往。她绝没有想到，一桩70万美金的生意就在她离开的那段时间，就在电话铃响过多次但无人接听之后，旁落他人之手。

两个月后，美国一家国际公司为期15天的销售年会在纽约的另一家酒店召开。这家酒店无论设施还是口碑都与林恩所在的酒店不相上下，甚至有些不如，但半个月规模盛大的年会使那家酒店一时间变得辉煌而闻名。

事后经过多方了解才知道，那家国际公司在纽约曾将3家酒店作为备选，林恩所在的酒店因电话铃响多次无人接听而最先被淘汰出局。

知道事情原委后，林恩流下了眼泪。为了严明公司纪律，老板将工作了六个年头的林恩和那名没有按时接班的员工一起辞退了。

不怕事情小，只要服务好。优质服务既是无形的力量，又是无形的财富。优质服务可以带来财富，劣质服务必将失掉财富。对优质服务的信任度越高，财富也会越多。把顾客的大事、小事都当作自己的事情办，设身处地、千方百计地多为顾客着想，便没有不成功的事业。服务无小事，小服务关系着大生意。

巨富与金钱

如何花钱常常比如何挣钱更能反映出一个人品格的高下。

石油大王约翰·洛克菲勒享有98岁的高寿，一生至少赚进了10亿美元，捐出的就有7亿5千万，是美国19世纪的3大富翁之一。

但他平时花钱十分节俭。有一次他下班后，搭公车回家，缺10美分零钱，于是向自己的秘书借，并说：“你一定要提醒我还给你，免得我忘了。”

秘书说：“请别在意，10美分算不了什么。”

洛克菲勒听后正色地说：“你怎能说算不了什么？把1美元存在银行里，要整整两年才能得到10美分的利息啊！”

美国NBC公司的副总裁麦卡锡对待1美分的态度，与洛克菲勒对待10美分的态度很是相似。

第27届悉尼奥运会期间，一个主题为“世界传媒和奥运报道”的新闻发布会正在进行。发布会聚集了众多来自世界各国的记者和不少国际知名人士。

在发布会快要结束时，一直在前排就座的美国NBC公司的副总裁麦卡锡先生，竟在众目睽睽之下突然钻到桌子底下去了。大家感到十分惊讶，不知道这位亿万富翁何以有如此大失仪态的举动。

几秒钟后，在大家惊愕的目光中，亿万富翁麦卡锡先生从容自若地从地上爬起来，一边拍打裤子上的灰尘，一边对大家晃了晃手中刚刚捡起来的古巴雪茄，自豪地说：“请各位原谅我的失礼，小时候母亲就叮嘱我要爱惜每一分钱。”

这时大家才恍然大悟，原来他是到桌子底下寻找掉在地上的只抽了一半的古巴雪茄。

我国巨富李嘉诚也有一件对待金钱值得一提的趣事。

一天早上，李嘉诚去停车场取车。他伸手在口袋里拿车钥匙时，不小心掉了一个2元硬币。这枚硬币刚好滚到另一辆车的车轮底下，只要车子开动，那硬币便会掉进路边的水沟。于是，他蹲下身来，试图把硬币拾起来。

这时，有一个看管车场的印度籍更夫看见李嘉诚正蹲着，便急步走上前询问发生了什么事。李嘉诚告诉他，掉了一个硬币。

那个更夫钻到车底下，帮他将硬币拾了起来。李嘉诚收起硬币，从腰包掏出100元钱给了那个印度更夫。那更夫满脸疑惑，不明白李嘉诚为何要这样做。

于是，李嘉诚说："如果我不拾回这个2元硬币，车子一开它就会掉进水沟，它便失去了自己的价值。现在你帮我拾回它，它可以继续发挥它的作用。我另外给你100元，这些钱也是有用的，它们的价值都不会消失。"

别把钱看得太轻了，因为钱确实可以用来干很多大事情；也别把钱看得太重了，因为还有很多比钱更重要的事情。关键是要增长自己取之有道的挣钱才干，同时还要勤俭节约，善于把钱花到最需要、最有意义的地方。

鸽群是飞来的机遇

一位美国的房地产商新建了一幢高60层的大楼，各方面条件都很不错，但是销售遇到了困难，因为广告没有新意，毫无影响，几乎被淹没在广告的海洋中了。

正在房地产商感到一筹莫展之时，守护大楼的人员前来报告说：有一大群鸽子飞进了大楼，在一些空房间里住了下来，影响卫生，并请求上级派些人帮助抓鸽子。

地产商灵机一动，立即命令守护大楼的人员务必保护好鸽群，不要让鸽群飞走，随即招来广告部全体成员进行了一次全新的广告策划。

首先，他派人给动物保护协会打电话，让他们知道鸽群的事情，并请求派人协助捕捉鸽群，以防伤害了鸽群。

然后，他又派人给电视台、报社等新闻单位打电话，让他们知道动物保护协会捕捉鸽群的新闻。

真是一拍即合。这些新闻单位觉得此事很具有新闻价值，都决定动用各种手段大力宣传人与鸽群和谐相处的新观念。

第二天，动物保护协会捕捉鸽群的行动开始了，各家新闻单位争先恐后地加以报道。

醉翁之意不在酒。广告部的成员们在此活动中借机大力宣传此楼的优势，房地产公司的高管们也借机在新闻中频频露面，千方百计地提高公司的知名度。

由于捕捉鸽群的行动小心而缓慢，整整热闹了一周的时间，各家新闻单位都饶有兴趣地对捕捉鸽群行动的进展进行了报道。与此同时，大楼的宣传也真正深入人心，其销售量猛然大增，不出一个月即销售完毕，并且比其他楼的房价都高。

在守护大楼人员的眼里，一大群飞进大楼的鸽子只不过是必须赶走的麻烦；在地产商的眼里，一大群飞进大楼的鸽子则是宣传大楼的难得机遇。看来，生活中缺少的并不是机遇，而是发现机遇、利用机遇的能力。

尽管机遇是普遍存在的，但机遇不会上门找人，只能人去找机遇。机遇只偏爱那些头脑有充分准备的人，只垂青那些懂得怎样追求她的人。

万副手套“蒙混过关”

美国的海关已有数百年的历史，设备先进，管理一环紧扣一环，可谓是既仔细又严格。谁要想从美国海关的眼皮底下逃税，真是比登天还难。

但是进口商琼尼却轻而易举地创造了奇迹，使1万副昂贵的法国女士皮手套大摇大摆地蒙混过关，“合法”地逃过了巨额关税。

当时，进口法国女士皮手套需缴纳高额的进口税，因此这种手套在美国的销售价格外高。琼尼跑到法国，买下了1万副最昂贵的法国女士皮手套。随后，他派人把每副手套都一分为二，只将其中1万只左手的手套发运到美国。

但是，这批货物运到美国之后，进口商琼尼一直不去提取，让货物停留在海关，直到超过了提货期限也照样不理不睬。

凡遇到这种情况，海关有权将其按照无主货物拍卖处理。于是，这1万只舶来品全部被送到了拍卖行。

由于这批左手手套很难销售出去，所以这桩生意的投标人只有一个。他只出了一笔微不足道的钱，就把手套全部买了下来。

谁也没有想到，这桩生意的投标人不是别人，正是进口商琼尼派来的代理人。这批左手手套发出手后，海关当局也意识到了其中可能有诈。于是告诫全体人员：务必高度警惕，严加看管，因为很可能有一批右手的手套进关。绝不能让那个机关算尽的进口商得逞！

然而，进口商琼尼早已经料到了海关当局的防范，还料到海关人员会假设这些右手手套将像上次的左手手套一样整捆整捆地运来。于是，琼尼出其不意，攻其不备，把那些右手的手套分装成5000盒，每个盒里只装两只右手套，企图让验关人员产生错觉：一个盒子里装两只手套，那一定是一副完整的手套。

知己知彼，百战不殆。琼尼的这个宝又押中了！第二批货物一路绿灯、畅通无阻地通过了海关。这位进口商只交了5000副手套的关税，再加上在第一批货拍卖时所付的那一小笔钱，就把1万副手套全部顺利地运到了美国。

很久以后，琼尼在向挚友谈起这件往事的时候，曾得意地披露：“美国海关虽严，却仍有空子可钻。我成功了！”

经商斗智，善谋者胜。琼尼唯利是图、不择手段固然不足取，然而其神机妙算又不能不让人拍案叫绝！

不错，有的人能在所有的时候欺骗某些人，有的人能在某些时候欺骗所有的人，但不可能有人在所有的时候欺骗所有的人。才智需要用谦虚来镶嵌，需要用正义来护航。但是，善良的人们只懂得这些还是远远不够的，还必须明白：要想抓住狐狸，就要比狐狸更狡猾。

两个字救活一个药厂

20世纪50年代，台湾的经济还比较落后，人们的生活也比较苦，营养普遍不足。台湾有一种颇受欢迎的药品——桃花牌通乳丸。这种通乳丸疗效稳定，深受在哺乳期而又感到奶水不足的妇女的欢迎。特别是在比较偏僻和经济落后的农村，通乳丸几乎成为哺乳期妇女的必备之药。因此，药品的销售量稳步上升，前景很是乐观。

但是，风无常顺，兵无常胜。台湾在经济起飞之后，人民的生活水平不断提高，教育水平不断提高，生育率也随着生活水平的提高而逐步下降，奶水不足的哺乳期妇女越来越少。加上奶粉的普及，基本解决了哺乳期妇女奶水不足的后顾之忧。这样，以往畅销的桃花牌通乳丸就变成了滞销品，药厂随之陷入了困境。

药厂在绝望和痛苦挣扎的过程中，营销人员得到了一个十分有价值的信息：妇女对“健美”日益重视，特别是未婚少女，非常注意自己的三围尺寸，都渴望把健美的身段展示在世人面前。营销人员从中发现了商机，向药厂提出了建议：把桃花牌通乳丸改为桃花牌健胸丸，推销的对象从结婚少妇转向青春玉女。

桃花牌健胸丸的广告一经推出，那些被平胸问题困扰着的青春玉女看到了“新希望”。她们满怀信心，踊跃购买可以让她们从此“挺起”胸膛的健胸丸。

就这样，只是妙改了药品名称的两个字之后，一个行将倒闭的药厂，就迅速地打开了市场，奇迹般地起死回生了！

不用过分包装

春秋时期，有一个楚国人到郑国去卖宝珠。为了招徕买主，他用玉兰木做了一个非常漂亮的盒子，然后又用肉桂和花椒等香料熏了又熏，并且在盒子的外面挂上珠玉，镶上红宝石，嵌上翡翠，最后把宝珠放在里边摆到街上去卖。结果郑国人买走了他的盒子，而把宝珠退给了楚国人。因为买主认为这个盒子比那颗宝珠还值钱。

韩非子认为，那个楚国人太重于形式，而忽视了内容，结果没有达到自己卖珠的目的。这是一个善于卖盒子，而不善于卖宝珠的楚国人。

和卖珠的故事相似的，还有一个嫁女的故事。

春秋的时候，秦穆公想要把自己的女儿怀嬴嫁给晋国的公子重耳。秦穆公让人给女儿修饰打扮了一下，办好了嫁妆，并且派了穿着漂亮衣服的伴嫁美女七十多人为妾，一同送往晋国。结果晋国公子却看中了那些伴嫁的妾，而疏远了怀嬴。

韩非子认为，秦穆公有点本末倒置了，让那些伴嫁的妾穿得太漂亮了，结果喧宾夺主，没有达到嫁女的目的。秦穆公善于嫁妾，而不善于嫁女儿。

韩非子讲这两个故事的目的，是要说明当时某些读书人虽然满嘴华丽的辞藻，但是没有实际的内容。以此来告诉统治者，应该重视实质而不重视形式，不要随便听信某些儒生的话。

故事一方面说明了内容是主要的，形式是为内容服务的。尽管和氏璧并没有装以五彩的盒子，随侯珠也没有镶嵌金银，但仍不失为美玉珠宝，而那些专靠装饰才得以流行的东西，其内质不一定是美的。

故事另一方面也说明了形式有其相对的独立性，对内容有反作用，甚至很大的反作用。郑国人不识货，离开内容片面地去追求形式，不知道宝珠比盒子更有价值，只根据形式就把盒子买去了。

当前，这两个故事对我们正确处理内容与形式的关系很有启发，无论是对物还是对人，都不用过分地包装。

现在，不管做什么事情，似乎都很强调包装。如果强调包装是讲究适当的形式，就没什么不对。但是，过分强调包装，过分热衷于形式，便是没有自信心的华而不实，势必会流于形式。马克思说得好："如果形式不是内容的形式，那它就没有任何价值了。"

帮人藏丑

我国一家公司与外商洽谈一项业务。我方经理与谈判人员进入会客室时，外商代表与他的女秘书已在会客室等候。当双方握手时，我方经理发现，那位外商代表的脸颊上，有一弯鲜红的唇痕。这显然是个不雅的印记。

对方的女秘书也发现了那脸颊上的唇痕，焦急地屡屡使眼色暗示。但那位外商代表毫无察觉，并不理会。当时的情景十分尴尬。

我方的经理灵机一动，连忙道歉说："真对不起，一份资料被落在办公室了，我们回去取一下。请稍候。”话音刚落，我方全体人员心领神会地退出了会客室。

当我方人员重新返回会客室时，外商脸颊上的唇痕已经无影无踪了。此次谈判出乎意料地顺利，这很可能是外商代表对我方帮其藏丑的一种回报吧。

楚庄王绝缨得士的故事，是帮人藏丑的美谈。

春秋时期，楚庄王携光彩照人的爱妃盛宴百官。正当饮得兴高采烈之际，蜡烛燃尽，宴请陷入一片黑暗。楚庄王高呼：“快拿蜡烛来！”

此时有人趁着黑暗，拉了拉楚庄王爱妃的衣袖。爱妃大为恼火，心想是谁这么大胆，竟敢调戏楚庄王的爱妃？她急中生智，把那人的冠缨扯了下来，然后气愤地告诉了楚庄王。

楚庄王转念一想，这很可能是酒后失态，所以压住了一触即发的怒火。于是，他趁着黑暗高声地下令：“今天我请大家喝酒，谁要是不扯掉冠缨，就表示他喝得不痛快，不高兴！”结果大家全都扯掉了冠缨，丢得满地都是……

过了三年，晋国与楚国交战。楚庄王率军5次与晋军交战，发现总有一员武将冲在最前面，舍生忘死地英勇奋战。楚军大获全胜后，楚庄王召见那名武将，对他说：“我没有什么了不得的德行，又未曾特别关照过你，你为什么出生入死地为我作战呢？”

那名武将不好意思地说：“臣罪该万死，过去酒醉失礼，被大王的爱妃扯下了冠缨。大王为臣下遮掩，免去了祸灭九族之罪，臣下怎么能不报答大王的恩德呢？”

人非圣贤，孰能无过？在各种各样的过错中，有原则性的，也有非原则性的；有可以原谅的，也有不可以原谅的；有偶尔的，也有一贯的，等等。对于各种各样的过错，是不能不区别对待的。一切可以宽容的过错，都应当尽量给予宽容。给人玫瑰花的手上，常有一缕芳香。在帮助别人藏丑的同时，很可能也帮助了自己，提高和强大了自己。即使自己得不到回报，当别人需要帮助藏丑的时候，也应当毫不犹豫、不声不响地伸出有力的援助之手。帮人藏丑不是姑息纵容。帮人藏丑是为贵珠出病蚌，美玉出丑璞创造转化的条件，是化丑为美，化害为利，化消极为积极。这不仅需要善良和智慧，而且需要胸怀和勇气。

拍卖小提琴

我参加过一次拍卖会，会上拍卖了一把小提琴。那是一把看上去很破旧、很不像样的小提琴，上面还有道道的刮痕。看得出来，连拍卖师都不想花太多时间拍卖这把小提琴，认为它实在不值得自己费神。但他还是面带微笑将它高高举起，高声喊道：

“朋友们，拍卖现在就开始了！哪位愿意先给这把小提琴开个价？”

“5块钱！”

“5块钱？”

“10块！只值10块？”

“15块钱！有谁出20块钱？”

“20块钱一次，20块钱两次，马上就要三次成交了……”

“等一下！等一下！”有个满头银发的老先生，一边说，一边从后面走到台上。老先生拿起了琴弓，用手绢将琴上的灰尘擦了擦，又把松弛的琴弦调紧，然后极其娴熟地拉出了一首家喻户晓的小提琴曲——《梁山伯与祝英台》，欢快得如歌如舞，悲壮得如泣如诉，简直是天使的吟唱。琴声突然终止了，老先生把琴和弓高高举起，以低沉的声音说：“我为这把老琴起个价吧。”

“起价1000块钱，有谁要出2000？”

台下沸腾了，有的人高声问：

“我们不明白，为什么琴一转手就变得值钱了？”

老先生没有直接回答台下的发问，而是讲了一个小故事。

有一个农夫建新房，在挖地基的时候，挖到了一个古墓。墓里的尸骨早无，墓穴里只剩一只陶钵和几串铜钱。陶钵被农夫扔在猪圈旁边，铜钱被农夫洗净，视为珍宝，精心收藏。

有一天，村子里来了一个收古玩的小商贩。农夫便把铜钱拿出来，小商贩看后，出了2元一个的价格。农夫卖铜钱得到了200元，喜不自禁。

商贩问：“还有没有别的古旧之物？”

农夫突然忆起那只陶钵。商贩便出100元买下了它。农夫得了300元，一时被左邻右舍传为幸事。

村中有位离休干部得知此事，前来询问，推测那陶钵竟是宋代的，便对农夫说：“你卖掉的陶钵是文物，可能是无价之宝，比铜钱要值钱得多。”

过了些日子，农夫又听人说：“如果陶钵是宋代的文物，可能值10万元。”

后来，村中的那位离休干部在古玩商场里看到了农夫卖掉的那只陶钵，标价50万元。

那个农夫后悔莫及，伤心不已。

现在，那只被卖掉的陶钵大概不止值50万元了。因为，失去的东西往往是无价的。

老先生的故事刚刚讲完，拍卖师的眼睛一亮，立刻兴奋地说：“大师经手，点石成金啊！”

“2000块钱！有谁出3000块钱？”

“3000块钱！一次！3000块钱！两次！”

“4000块！一次！4000块！两次！三次！成交了！”

世界上的很多事物并不是缺少价值，而是缺少发现价值的眼睛，不仅是缺少发现外界事物价值的眼睛，而且缺少发现自身价值的眼睛。

靠智慧开路的人

初出茅庐的卡塞尔，是苏富比拍卖行里一个名不见经传的拍卖师，家徒四壁，生活窘迫。

有一次，苏富比拍卖行受好莱坞影视公司的委托，举行一次募捐晚会，目的是为越战中的将士募捐。

当时美国国内民众厌战情绪激昂，强烈要求政府终止越南战争。在那样的氛围中为越战中的将士募捐，显然是困难重重，不合时宜。结果，没有人愿意担任那次募捐晚会的拍卖师，也没有商人愿意前往站脚助威。

出乎众人的意料，卡塞尔表示愿意试一试。

当时，募捐晚会的气氛很沉闷。卡塞尔走上拍卖台，台上连一件拍卖的商品也没有。巧妇难为无米之炊，大家想不出拍卖师将如何应对。

有智慧就有办法，就有价值，就有出路。卡塞尔不慌不忙、胸有成竹地说：“请大家看一看，今天晚会上谁是最漂亮、最耀眼、最动人的女主角？”

众人不约而同地把目光集中到了好莱坞一位年轻的女明星身上。

卡塞尔说：“尊敬的诸位，今天请允许我拍卖这位女明星的一个高贵的吻。”

有人出1美元得到了这位女明星的吻，好莱坞把这个募捐晚会上得到的唯一1美元寄到了越南前线。

当时美国的许多媒体都争先恐后地对此事进行了报道，卡塞尔自然也因此而名声大振。

后来，美国的哈佛大学邀请成了拍卖大师的卡塞尔到学校做演讲，一位大学生向他提问："您能够在我用单腿站立的时间内，告诉我您获得成功的精髓吗？"

那位大学生的话音刚落，卡塞尔毫不犹豫地回答："在生意场上，无论买卖大小，出卖的都是智慧。"

场下掌声雷动……

真正能使人光彩夺目的，并不是身上的珠宝，而是心灵深处的智慧。

智慧是什么？智慧是对事物价值的透彻了解，是能够在平凡中发现奇迹的眼光和创造力。

哪里有智慧，哪里就有办法，哪里就有价值，哪里就有出路。人们称赞卡塞尔是一个"靠智慧开路的人"。

1个孔和1毫米

日本一家生产味精的工厂，销售量一直徘徊不前。于是，向社会各界人士征求创意，以便在不扩大投资规模的前提下能够大幅度地增加销售量。后来，有一个普通的家庭妇女给他们提了一条建议，厂方采纳了她的建议，不费吹灰之力便使产品的销售量增加了1/4。

那个妇女的建议是：请在味精瓶的内盖上多加1个孔。

原来，这个厂生产的味精是装在1个小瓶子里出售的，瓶子的内盖上有4个孔，顾客使用时只需打开外盖，对着汤盆或菜锅猛甩几下，瓶里的味精便通过4个小孔掉进食物里。一般顾客放味精并没有精确的度量，只是大致甩个三四下。4个孔时那样甩，5个孔时还是那样甩，结果就在不知不觉中多甩出来了25%！把每位顾客的25%加起来，就是一个可观的数字了。

况且，在味精瓶内盖上多加1个孔，只不过是更换1个模具而已，根本不需要增加投资，引进技术。

有时候，一个小小的建议，就可以轻而易举地改变企业的命运，事业的前途。不要误以为创造性思维只是专家们的专利，也不要误以为只有“重大问题”才值得我们集思广益。在社会的任何一个角落，在我们日常生活的每时每刻，创造性思维和集思广益都有广阔的天地，都是可以大有作为的。

高空投表闯市场

在20世纪80年代，日本西铁城公司董事长山崎曾提出过一个课题：西铁城公司生产的西铁城手表，不但款式新颖、时髦，而且工艺讲究，质量上乘，每年只有不到3秒钟的误差。如此精美的手表，怎么才能让澳大利亚的消费者人人皆知，并产生较强烈的购买欲望，进而开辟出新的市场呢？

西铁城公司的经销商冥思苦想，费尽心机，总算有了满意的策划。

1983年，日本西铁城公司经销商在澳大利亚打出一幅引人注目的广告。广告上写着：某月某日，西铁城公司将从空中向某广场投下手表，感兴趣者，请届时参观。这别具匠心的广告打出不到一天，高空投表的消息就迅速传遍四面八方。

到了投表的那一天，人们蜂拥而至，把广场围得水泄不通。来广场的人当然各怀心事，有的是看看热闹，有的是碰碰运气。当人们看到一块块手表从天而降，落地后不但外表完好无损，而且精确度丝毫不减时，不禁为西铁城手表过硬的质量赞叹不止。

事后，西铁城公司“高空投表，完好无损”的新闻，成为人们争相传颂的佳话，收效颇佳。西铁城手表因此而名声大振，很快就在澳大利亚市场上打开了销路。西铁城公司也把高空投表的成功，视为自己善于打开市场销路的得意之笔。

不比不知道，一比很奇妙。顾客总是希望买到质优价廉的商品，所以经销商应采取各种有效的方式，向顾客证实自己商品的质优价廉。现实中可提供这种证实的方式是多种多样的，可西铁城公司的经销商，竟出人意料地“高空投表”。这一招确实独特新奇、非同凡响。此法赢得了消费者对产品质量的信赖，提高了产品的知名度，打开了澳大利亚市场，大大促进了销售。其实，它采用的正是反常规的宣传方法，其效果比花大价钱做那些千篇一律、毫无新意的“王婆卖瓜式”广告要好得多。

光阴似箭，弹指一挥间。但是回过头来看，西铁城公司高空投表开辟市场的做法，依然闪烁着启示人们的智慧光芒。

两幅不凡的广告

从20世纪70年代开始，牛仔裤大行其道。有的厂商为了拓展女性市场，特别设计了更适合女性穿的牛仔裤。广告公司针对这一动向，设计了一幅女式牛仔裤的宣传广告：

画面是一位背对着公众的女模特儿，赤裸着美丽的臀部，臀部上有象征着牛仔裤裤袋的织线，裤袋的左上角用黑色的色底衬托红色的商标。

这幅广告创作于1971年。虽然没有广告的文字说明，但是意义一目了然。设计者的构思，是要表明一条轻柔、贴身、舒适的女装牛仔裤，穿上后更能显示出女性的身段美。这样表达创作的理念，不是比穿上裤子表达得更为贴切，更为淋漓尽致吗？

当然，假如臀部上没有象征牛仔裤的织线，没有贴上的商标点题，那么，这个广告不仅不会这样传神，而且将使观看者把它当作一幅裸体照去欣赏，势必完全失去了广告的功能。

一石激起千层浪。这幅广告一面世，就出现了两种截然不同的反响。

一方面，法国妇女解放组织声称该公司损害了妇女的尊严，要求检察院责令该公司用印上蓝色十字的胶布把女郎的臀部盖住。

另一方面，广告界则认为，这几乎是一幅完美无瑕、构思巧妙、无可置疑的广告，不能不说是在创作构思上突破常理的一个典型范例。

分歧归分歧，争论归争论，但似乎至少有两点被各方面共同接受和认可：

这幅广告不仅被广告界，而且被媒体传为轶闻趣事。

这幅广告现已被美国纽约大都会博物馆收藏。

无独有偶。2000年9月1日，法国闹市繁华地段的过往人流发现，广告牌上新贴出一幅巨大的引人注目的广告：一个穿着三点式泳装的漂亮女郎，双手叉腰，向着人流微笑。漂亮女郎身旁写着一行字：

“9月3日，我将把上面的脱掉。”

人们莫名其妙，有意无意地等待着9月3日的到来。

9月3日，过往人流发现广告上的漂亮女郎依然叉着腰微笑，但是“上面的”部分果然不见了，露出了健美的胸脯。漂亮女郎身旁出现一行新的文字：

“9月5日，我将把下面的也脱掉。”

人们更加莫名其妙，开始窃窃私语，究竟是怎么回事？新闻记者四处打听，也打听不到内情。

9月5日，映入过往人流眼帘的是：漂亮女郎背对人流，一丝不挂，修长的身材在晨光中闪着健美的光芒。“下面的”果然没有了，结实的臀部高高翘起。漂亮女郎身旁又出现一行新的文字：

“未来广告公司，说得到，做得到。”

这就是未来广告公司的亮相广告，是让它家喻户晓，名声大噪的亮相广告。

各国的国情不同，广告的形式和内容自然也就不同。但是，不管是赞成这两幅广告，还是反对这两幅广告，这两幅广告无疑给广告界业内和许多业外人士，留下了既一鸣惊人，又耐人寻味的一笔。

让广告上路上山

日本有一家SB咖喱粉公司，十多年前由于推销方法不当，产品滞销，入不敷出，濒临破产。

SB咖喱粉公司新上任的总裁为此坐立不安。他经过很长时间的思考，决定运用一种特殊的手段来促销。

当时，日本市场上的轿车昂贵，一般家庭是买不起的，有很多人虽然有驾驶执照，却没有轿车。于是，SB咖喱粉公司决定在这个问题上作文章。

几天以后，许多家的报纸上都登出了这样的广告：“本公司向有照无车者出租咖喱粉色小轿车，租期一年，收费低廉。”

这则广告一出现，便吸引了众多想过车瘾而又无钱买车的中低阶层人士。

不到一年的时间，东京街头到处都能看到咖喱粉颜色的小轿车。每当人们看到这种车时就会说："瞧，这些车都是SB咖喱粉公司的。"

由于广告做活了，SB公司的知名度有了很大的提高，达到了预想的效果。以前曾经滞销的咖喱粉也打开了销路，SB公司不仅摆脱了困境，还赢得了市场和利润。

在出租咖喱粉色小轿车上路的策划成功之后，SB咖喱粉公司的新总裁又独具匠心、举重若轻地出台一个让广告上山的策划。

他在日本各主要报纸登了一则启事："我公司决定雇用直升机数架，飞到富士山上空，把咖喱粉撒在山顶上。由于自古以来富士山顶总是白雪皑皑，人们已经厌倦了这种白色。所以，我公司决定改变这种状况，今后人们看到的将是焕然一新的美妙的金黄顶的富士山。啊！白顶的富士山将不复存在！！"

这则广告一出现，举国上下，一片哗然，引起了各界人士的严厉指责。人们愤怒地抗议："富士山非私家财产，岂容你私自将它改头换面！""起诉他们！""这是非法行为！""他们要毁掉富士山！！！"等等。

其实，众人不知，SB公司怎敢真的如此。此一举纯属虚张声势、借机扬名而已。这种轩然大波正是该公司所要达到的效果。

几天以后，SB公司又在报上一本正经地发表了一个声明："本公司因考虑到社会各界人士的强烈反对，决定撤销原计划。"

SB公司因此更是名声大振，在人们心中树立了"财大气粗""资力雄厚"的形象，从而使得咖喱粉的销路更好了。

做广告招徕顾客是现代企业经营不可忽视的生意经。常有这样的事情：巧妙广告一登，滞销商品重生。企业经营如果忽视广告的作用，就好像在黑夜中向姑娘传递秋波，尽管自己知道做了什么，但对方并不知道。巧妙的广告是商品飞入千家万户的翅膀。

在人造卫星上做广告

20世纪50年代，美国一家企业研制出了一种新产品，但苦于找不到提高产品知名度的好办法。

正在这家企业一筹莫展之时，美国研制人造地球卫星大功告成。企业的老板认为这简直是天赐良机，便郑重其事地写信给美国五角大楼，申请在这颗即将升空的人造卫星上做广告。

五角大楼收到此信后，军方人士不禁哑然失笑。人造卫星飞入九霄云外以后，踪影全无，在它上面做广告，有谁能看得到呢？这难道不是故意拿钱往水里扔吗？

后来，这件事就被当作一桩笑料传扬开了。有位记者听闻此事后，便在报纸上写了文章，披露了此事。结果，这件趣事几乎和世人瞩目的人造地球卫星一样，成为全美乃至全世界许多人共知的一条新闻。

这家企业当然没有被允许在人造卫星上做广告，但此举却达到了比允许做广告还要好的轰动效应。这家企业虽然没花一分钱，但知名度得到迅速提升，新产品也迅速打开了销路。

然而，故事到这里并没有结束。喜欢打破砂锅问到底的那位记者找到了企业老板，想进一步了解他申请在人造地球卫星上做广告的真正目的。

老板笑着说："当时企业由于财力不足，根本拿不出广告费。我申请在人造地球卫星上做广告，只是为了能做成免费的广告。"

记者情不自禁地感叹道："经营斗智，善谋者胜。"

精心策划庆百年

可乐是世人皆知的清凉饮料。可口可乐从生产之初到今天畅销全球，虽已走过了100多年漫长的历程，但依然如日中天。在众多饮料中，称霸历史最悠久的，的确是非可口可乐莫属。

1986年，是可口可乐公司诞生100周年。然而，在头一年春天，可口可乐公司却突然宣布要改变沿用了99年之久的老配方，而采用刚研制成功的新配方，并且声称要以新配方再创可口可乐在世界饮料行业中的销售新纪录。

一石激起千层浪。事与愿违，公司每天收到无数封抗议信和1500个以上的抗议电话。

这可乐坏了竞争对手百事可乐公司的老板。他趁机赶制一个30秒钟的电视广告，在美国最大的3个电视网中租用黄金时间，连续播发了一个月。电视广告的内容是：

一个妙龄少女盯着镜头急切地问：

“可口可乐为什么要改变配方呢？”

“他们为什么如此薄情？”

“谁能告诉我？”

“谁能告诉我？”

只见镜头一晃，少女喝了一大口百事可乐，欢天喜地、眉目一扬，说：

“嗯，现在我知道了。”

正当百事可乐公司春风得意之时，可口可乐公司却宣布：

为尊重老买主的意见，公司决定继续保留老配方，将其更名为“古典可口可乐”；同时，考虑到消费者的新需要，新配方的可口可乐定名为

“营养可口可乐”，也一并应市。

当年，新老可乐的销售总量比往年上涨了8%，可口可乐公司的股票每股上涨了2.57美元。

百事可乐公司同年股票下跌0.75美元。

事后人们才知道，可口可乐公司改用新配方，不是目的，而是手段，旨在用进一步扩大商战主动权的成果纪念可口可乐公司诞生100周年。

良好的竞争心理，正当的竞争手段，是事业成功和个人向上发展的巨大动力。可口可乐公司与百事可乐公司之间，因竞争而强大，因强大而竞争，好戏连台，互有胜负。它们是值得彼此敬重和感谢的好对手。

有阳光就够了

出卖阳光是科普上的一种说法，其实质的含义是充分开发利用太阳能来开发新产品。

随着全球能源和环保问题的日益突出，世界各国对各种新能源的开发应用，特别是对取之不尽又无公害的太阳能的开发应用极其关注，倾注了大量的人力、物力和财力，以攻克开发应用太阳能的道道难关。用太阳能取代电能的各种太阳能产品，如太阳灶、太阳能热水器、太阳能烤箱、太阳能冰柜、太阳能汽车等不断涌现。这在缓解电力、石油等传统能源的短缺和减轻环境污染等方面，都起了巨大的积极作用。

日本企业最近推出一种新的太阳能背心。这种背心具有质轻、柔软的特点，除了能做冬季保暖用的外衣和户外作业劳保用品，还能给“随身听”之类的便携式音响设备提供电源。首批1万件太阳能背心刚一上市，就被抢购一空。

当然，太阳能产品的开发并非轻而易举的事情。就拿日本生产的那种太阳能背心来说，其光电池就属高新技术产品。日本夏普公司攻克了应用光电池的最大难题——无法在夜间或阴雨天正常供电，推出了吸光性能好、光电能转换率高的单晶硅光电池，同时专供光电池使用的蓄电池也已研制成功。

美国桑迪亚国家实验室为了研究光电池，也可谓呕心沥血。然而，却让日本人捷足先登，先于美国人生产出太阳能背心。

日本开发的太阳能背心，较之其他的太阳能产品，也许大同小异，不值得多说。但是有了太阳能背心，日本人便可以向世界千千万万的消费者兜售原本人人有份的太阳能。这不能不让人钦佩人家的创新精神和商业眼光。

同日本人生产太阳能背心的事情相比，新加坡前总理李光耀关于“有阳光就够了”的批示，给人的震撼和启示更大。

那是在1972年，新加坡旅游局给李光耀总理写了一份报告，大意是说，我们新加坡不像埃及有金字塔；不像中国有长城；不像日本有富士山；不像夏威夷有十几米高的海浪……我们除了一年四季直射的阳光，什么名胜古迹都没有。要发展旅游事业，实在是巧妇难为无米之炊。

李光耀总理看过报告后，非常气愤。他在报告上批了这么一行字：你想让上帝给我们多少东西？阳光，有阳光就够了！

后来，新加坡利用一年四季直射的阳光，种植花草树木，在很短的时间里，发展成为世界上著名的“花园城市”。国土面积很小的新加坡，其旅游收入连续多年名列亚洲第三位。

同新加坡相比，有多少国家可以说是要山有山，要江有江，要洞有洞，要湖有湖，要窟有窟，要自然景观有自然景观，要人文景观有人文景观……真是星罗棋布，美不胜收。可他们仍然叫苦不迭，仍然觉得“巧妇难为无米之炊”，仍然捧着金饭碗要饭吃。在“僵化”者面前，就是有再多的“米”，也烧不出一锅香喷喷的米饭来。实际上，他们不是缺少

“米”，而是缺少“有阳光就够了”的精神。

“有阳光就够了！”如果有了这样的思维，就会认为上苍和祖先给我们的馈赠实在是太多了，几乎每个地方都不缺乏上苍和祖先给我们的恩赐。

“有阳光就够了！”如果有了这样的思维，就会认为许多人之所以踌躇不前、无所作为，就是因为妄自菲薄，低估了自己的能力。

“有阳光就够了！”如果有了这样的思维，就会认为历史上许多伟大的成就，都是战胜了那些起初看来是绝对不可能的事情才取得的。

“有阳光就够了！”如果有了这样的思维，就会认为成功的关键在于主观的努力，而不在于客观的环境。

“有阳光就够了！”如果有了这样的思维，就会认为成功是大胆之子，是信念和奋斗的结晶。

背运的宝石不如草

富商奥力姆和他的朋友玛迪，一起来到一座城市。

奥力姆对玛迪说：“你知道吗，这座城市曾经救过我年轻的生命。那一年我从这里路过，突然急病发作，昏倒在路旁。是这座城市里最善良的人们把我背到医院，又是这座城市里最高明的医生为我治好了病。我不知道谁是我的救命恩人，因为他们都没有留下自己的姓名。后来我离开了这座城市，随着财富的增加，我越来越思念这座城市，越来越想报答我的救命恩人。”

“那么，你准备为这座城市做点什么呢？”

“把我最珍贵的3颗宝石，奉送给这里善良的人们。”

他们在这座城市住了下来。

第二天，奥力姆就在自己门口摆了一个小摊，上面摆着3颗闪闪发光的宝石。奥力姆还在摊位上写了一张告示："我愿将这3颗珍贵的宝石，无偿奉送给善良的人们。"

可是，过往的行人只是驻足观望了一会儿，然后又各走各的路去了。

整整一天过去了，3颗宝石无人问津；

整整两天过去了，3颗宝石仍遭冷落；

整整三天过去了，3颗宝石还是寂寞无主。

奥力姆大惑不解。

玛迪笑了笑说："让我来做一个试验吧。"

于是，玛迪找来一根稻草，将它装在一个精美的玻璃盒里。盒中铺上红丝绒布，标签上写着："稻草一根，售价1万美元。"

此举一出，立刻产生轰动效应。人们争先恐后，前来询问稻草的非凡来历。

玛迪说此稻草乃某国国王所赠，系王室传家之物，保佑着主人的荣华富贵。

结果，此稻草被人以8000美元买去。

3颗宝石依然在熠熠发光，而人们只是把它们当作假货，当作哄小孩子的东西而已。真是背运的宝石不如草。

事后，玛迪对奥力姆说："人们总是对难以得到的东西垂涎三尺，哪怕它只是一根稻草。"

人们对于越是轻易可以得到的东西，甚至包括宝物，就越不知道珍惜，甚至把宝物看成废物。

人们对于越是不能轻易得到的东西，甚至包括废物，就越加倍地追求，甚至把废物看成宝物。

宝物放错了地方成废物，废物放对了地方成宝物。

思考致富

汤姆和杰克是加利福尼亚的两个青年，他们一同开山卖石。汤姆把石块砸成石子运到路边，卖给建房的人。杰克直接把石块运到码头，卖给加州的花鸟商人。因为这儿的石头多是奇形怪状，杰克认为卖重量不如卖造型，价格高得多。

两年后，杰克成为小镇上第一个购买了汽车的人。

后来，政府规定：山上只许种树，不许开山卖石。于是，这里成了远近闻名的果园。因为这里产的鸭梨汁浓肉脆，纯正无比，所以每到秋天，漫山遍野的鸭梨招徕八方客商。他们把堆积如山的鸭梨成筐成筐地运往纽约和华盛顿，然后再发往欧洲和日本。

就在小镇上的人为鸭梨带来的幸福日子欢呼雀跃的时候，曾卖过石头的果农杰克卖掉果树，开始种柳树。因为他发现，来这里的客商不愁买不到好梨，只愁买不到盛梨的好筐。杰克卖筐的收入，是卖鸭梨收入的3倍还多。

又过了两年，杰克成为小镇上第一个购买了别墅的人。

再后来，一条铁路从这里贯穿南北，这里的人上车后，可以北到纽约，南抵佛罗里达。随着小镇的开放，果农也由单一的卖果品开始转为水果加工。就在一些人开始准备集资办厂的时候，杰克在他的地头砌了一垛3米高、百米长的墙。这垛墙面向铁路，背依翠柳，两旁是一望无际的万亩梨园。坐车经过这里的人，在欣赏盛开的梨花时，都会看到醒目的四个大字：可口可乐。据说，这是500里行程中唯一的一个广告。就凭这垛墙，他每年有4万美元的额外收入。

又过了两年，杰克成为小镇上第一个办起服装加工厂的人。

有一次，英国壳牌石油公司美洲区代表威尔逊到美国考察，当他坐火车路过这个小镇时，听到了关于杰克的故事。他被杰克罕见的商业头脑所震惊，当即决定下车寻找杰克。

威尔逊找到了杰克，当时杰克正在自己的店门口与对门的店主吵架，因为杰克店里的一套西装标价800美元的时候，对门同样的西装标价750美元；而当杰克标价750美元的时候，对门就标价700美元……一个月下来，杰克仅卖出8套西装，而对门却批发出800套。

威尔逊看到这种情形，非常失望，以为是被讲故事的人欺骗了。但当弄清真相之后，威尔逊立即决定以百万美元的年薪聘请他。原来，对门的那个店也是杰克的。

又过了两年，杰克成了英国壳牌石油公司美洲区代表威尔逊的最得力的助手。

有一天，当威尔逊问到杰克脱贫致富的体会时，杰克深有感触地说："其实，经济上的贫穷并不可怕，可怕的是思考力、想象力和创造力的贫穷。必须有与众不同的想法，才会有与众不同的收获。只有依靠我们的思考力、想象力和创造力，才能创造奇迹。生活总是奖赏那些善于思考、善于想象和善于创造的人。"

U形决策法

日本的许多企业采用U形决策法。其决策过程是：由上层机构提出方针，经员工讨论，提出合理化建议，再由上层做出最终抉择。这种决策的运行轨迹与英文的大写字母"U"相似，故称U形决策法。

日本的许多企业之所以采用U形决策法，是因为人们发现企业要突破和超越经营多年的不适应新形势的旧习惯、旧框框，参与新行业、新产业的竞争，在全新的领域发现机会，靠少数人决策是很难成功的。为了使每个员工热爱企业，与企业共存共荣，以提高企业竞争力，就必须采用U形决策法。

为了实施U形决策法，他们改革了刻板的人事制度，实施企业内招考制度。每个员工都可以根据决策的需求、部门职务的空缺和自己的能力，直接向人事部经理申请报考。

松下电器公司为鼓励员工想办法、出主意，专门建立企业内风险制度。这个制度为了充分调动广大员工的积极性而规定：谁提出好的建议，拿出好的方案，谁就可以出面“组阁”。

在改革陈旧人事制度的同时，他们还对参与决策、成绩出众的生产经营者，给予物质和精神上的双重奖励。在物质方面，加大一年两次奖金的数额，还额外增发红利及合理化建议专项奖金；同时，把参与决策的成绩作为晋级加薪考核的依据之一。

他山之石，可以攻玉。尽管U形决策法还比较简单，也不能代替科学决策的多种方法，但是对于当前“一把手”听不得不同意见的“一霸手”现象，对于“决策拍脑门，表态拍胸脯，失误拍屁股”的决策现象来讲，还是很有借鉴意义的。因为一己之见有限，众人之智无穷；不能集思则不能广益，没有参与就没有支持；长莫长于博谋，短莫短于自恃。一句话，善决策者必善听。

发现财富的眼光

狄奥力·菲勒出生在一个贫民窟里，和很多出生在贫民窟的孩子一样，争强好斗，也喜欢逃学。

但与众不同的是，菲勒从小就有一种发现财富的非凡眼光。他把一辆街上捡来的玩具车修理好，让同学们玩，然后向每人收取半美分。仅仅在一个星期之内，他竟然赚回买一辆新的玩具车的钱。

菲勒的老师深感惋惜地对他说："如果你出生在富人的家庭，你会成为一个出色的商人。但是，这对你来说已是不可能的，你能成为街头商贩就不错了。"

菲勒中学毕业后，正如他的老师所说的，真的成了一名小商贩。他卖过电池、小五金、柠檬水等等，每一样都经营得得心应手。与贫民窟的同龄人相比，他已经可以说是出人头地了。

但老师的预言并不全对，菲勒靠一堆丝绸起家，从小商贩一跃成为商人。

那堆丝绸来自日本，足足有一吨之多，因为在轮船运输过程当中遭遇风暴，这些丝绸被染料浸湿了。如何处理这些被浸染的丝绸，成了日本人非常头痛的事情。他们想处理掉，却无人问津；想运出港口，扔进垃圾箱，又怕被环境部门处罚。于是，日本人打算在回程的路上把丝绸抛到大海里。

港口有一个地下酒吧，是菲勒夜晚的乐园，他经常到那里喝酒。那天，菲勒喝醉了。当他步履蹒跚地走到几名日本海员旁边时，海员们正在与酒吧的服务员说那些令人讨厌的丝绸。说者无心，听者有意，他感到机会来了。

第二天，菲勒来到轮船上，用手指着停在港口的一辆卡车对船长说："我可以帮助你们把这些没用的丝绸处理掉。"结果，他不花任何代价便拥有了这些被染料浸过的丝绸。

然后，他用这些丝绸制成迷彩服装、迷彩领带和迷彩帽子。几乎在一夜之间，他用这些被染料浸过的丝绸，使自己拥有了10万美元的财富。

从此，菲勒不再是小商贩，而成为一个名副其实的商人。

有一天，菲勒在郊外看上了一块地。他找到地皮的主人，说他愿花10万美元买下来。地皮的主人拿到10万美元后，心里嘲笑他真愚蠢："这样偏僻的地段，只有傻子才会出这么高的价钱！"

令人料想不到的是，一年后，市政府宣布：在郊外建造环城公路。不久，菲勒的地皮升值了150倍。城里的一位地产富豪找到他，愿意出2000万美元购买他的地皮，富豪想在这里建造一个别墅群。但是，菲勒没有出卖他的地皮，他笑着告诉富豪："我还想等等，因为我觉得这块地应该增值得更多。"

果然不出所料，3年后，菲勒把这块地卖到2500万美元。从此，他成了新贵，可以像上层人物一样地出入高贵的场所。

他的同行们很想知道他当初是如何获得这些信息的，甚至怀疑他和市政府的高级官员有来往。但结果令他们很失望，菲勒没有任何一位在市政府任职的朋友。

菲勒活了77岁，临死前，他让秘书在报纸上发布了一个消息，说他即将去天堂，愿意给失去亲人的人带口信，每人收费100美元。这一看似荒唐的消息，勾起了无数人的好奇心，结果他赚了10万美元。如果他能在病床上多坚持几天，可能赚得还会更多些。

他的遗嘱也十分特别，他让秘书再登一则广告，说他是一位有礼貌的绅士，愿意和一位有教养的女士同卧一个墓穴。结果，一位贵妇人愿意出资5万美元和他一起长眠。每年去世的人难以计数，但能像菲勒这样具有如此执着的商业精神的人又有几个？

菲勒的发迹和致富，在许多人的心中一直是个谜。解铃还须系铃人。他那别具匠心的碑文，也许概括了他不断在平凡中发现奇迹的传奇一生，也许能帮助不少人解开他的发迹和致富之谜：

"我们身边并不缺少财富，而是缺少发现财富的眼睛。"

祖传的财富公式

犹太商人佛拉尔一直就对他的儿子杰尔说：“我们犹太人最重要的财富就是智慧。当别人说1加1等于2的时候，你应该想到1加1永远大于2。”

儿子长大后，父子俩来到美国，在得克萨斯州做铜器生意。一天，佛拉尔问儿子杰尔：“一磅铜的价格是多少？”

杰尔回答说：“35美分。”

佛拉尔说：“对，整个得克萨斯州都知道每磅铜的价格是35美分，但是，作为犹太人的儿子，你应该说是3.5美元。不信？你可以试着把一磅铜做成门的把手看看。”

20年后，父亲去世前给儿子留下了宝贵的遗嘱，那是他生前反复教导儿子的话：“当别人说1加1等于2的时候，你应该想到1加1永远大于2。”

后来，杰尔独自经营铜器店，做过铜鼓、瑞士钟表的簧片、运动会用的奖牌等等。他没有辜负父亲的期望，曾把一磅铜卖到3500美元，并成长为麦考尔公司的董事长。

然而，真正使杰尔扬名四方的机遇，竟是纽约的一堆垃圾。

纽约州政府为清理给自由女神像翻新扔下的废料，向社会广泛招标，但好几个月过去了，竟没有一个人投标。正在法国旅行的杰尔听说后，立即飞往纽约，看过自由女神像下堆积如山的铜块、螺丝和木料，未提任何条件，当即就签了字。

纽约许多运输公司对他的这一愚蠢举动暗自发笑。因为在纽约，垃圾处理有严格规定，弄不好会被环保组织起诉。就在一些人要看这个得克萨斯人笑话的时候，杰尔开始组织工人对废料进行分类、加工。他让人把废铜熔化，铸成小自由女神像；把木头加工成底座；废铅、废铝做成纽约时代广场的钥匙链。最后，杰尔甚至把从自由女神像身上扫下的灰尘都包装起来，出售给花店。不到3个月的时间，他变废为宝，化腐朽为神奇，让这堆废料变成了350万美元的现金，每磅铜的价格竟整整翻了1万倍。

随着杰尔的知名度越来越高，请他到大学讲课的人也越来越多。每次讲课，学生们问杰尔最多的问题是："成功的主要经验和失败的教训是什么？"

他几乎每次都是这样回答："生活中有人赚钱，也有人赔钱；有人抱怨生意难做，也有人因点钞票而累得气喘吁吁。其实大家的能力都差不多，只不过有的人做事善于用大脑，有的人根本没有用大脑。这里面的差别可能就在于对商机、对事物的看法不同。如果用公式来表达失败的教训，那就是：1+1=2。如果用公式来表达成功的经验，那就是：1+1>2。这就是我最深刻的感受，也是我家祖传的关于财富的两个公式。"

能力与价值的证明

1878年10月，世界著名发明家爱迪生建立了电气照明公司。为适应竞争的需要，1892年4月15日，爱迪生电气照明公司与美国的另一家电力工业公司——汤姆森·休斯顿公司合并，并正式命名为通用电气公司。

人们称通用电气公司是一个伟大的企业，很重要的一个原因是它造就了一批杰出的人物，杰克·韦尔奇便是其中的一个。

1961年，韦尔奇以工程师的身份在通用电气公司工作了一年，年薪是10500美元。他的第一位老板肯定了他的贡献，并给他增加了1000美元的年薪。韦尔奇的自我感觉良好，但事隔不久发现，他们办公室中4个人的薪水是完全一样的。他对平均主义的大锅饭感到非常恼火，甚至有些愤怒。

他去和老板谈了自己对分配不公的看法，但是并没有得到重视和改进。于是，他跳槽的愿望日益强烈，渴望能够早日离开这个不尊重人才的公司。

他详细查看《化学周刊》杂志和《华尔街日报》上的招聘信息，并找到了一份体面的工作，单位是芝加哥的国际矿物及化学公司。

这可急坏了韦尔奇的直接上司——当时的年轻经理鲁本·古托夫。当他得知还有两天就要举行欢送会时，感到非常震惊。

古托夫是个有眼力的人，不仅能发现显露在外的成功者，而且能够发现潜在的成功者。他下定决心："想方设法也要把他留住！"古托夫邀请韦尔奇夫妇共进晚餐，苦口婆心地劝说韦尔奇一定得留下。

"相信我，"古托夫几乎是恳求地说，"只要我在公司，你就可以利用大公司的优势来工作。至于那些不愉快的事情，以后再也不会发生了。"

韦尔奇说："那么，您的诺言就得经受考验了。"

"我乐意经受考验，"古托夫回答说，"最重要的是把你这个难得的人才留下。"

在长达4个小时的晚宴上，古托夫没有说服一颗要走的心。但他并不甘心，在回家的途中，在高速公路边的投币电话旁，继续对韦尔奇游说。那时已经是午夜1点了。

对于不寻常的人才，应当给予不寻常的待遇。他对韦尔奇说："我继续给你涨工资，在给你涨1000美元的基础上，再涨2000美元……我知道，靠待遇留人是必要的，但并不是最主要的，我还要靠事业留人、靠感情留人。"

后来，韦尔奇出席了为他举行的欢送会，但改变了跳槽的想法，决定继续留在通用电气公司。

在欢送会上，古托夫说："留住韦尔奇，这是我人生中最满意的一次努力。”

世不乏才，乏识才之才；人不少能，少用能之能。通用电气公司和全世界的企业都应该感谢鲁本·古托夫，因为他的挽留让20世纪出现了一位伟大的企业家——通用电气公司首席执行官杰克·韦尔奇。

善于提拔有能力的人，是自己有能力的证明；善于使人变得有价值，也是自己有价值的证明。

微笑可以换取黄金

1887年的圣诞夜，康拉德·希尔顿出生在美国新墨西哥州圣·安东尼奥的一个挪威移民家庭。希尔顿上中学的时候，每当放暑假便到父亲的小杂货店里帮忙。他对做生意和接待顾客，具有浓厚的兴趣。从新墨西哥州矿业学院毕业后，希尔顿从父亲手中接下了小店，并经营得红红火火。

1919年1月，希尔顿的父亲不幸因车祸去世。他安葬父亲，安慰母亲，处理掉小店，决心干点儿大事。母亲鼓励他离开小镇，到大地方去闯世界：“必须到水深的地方，才能行大船。”

希尔顿怀揣5000美元，只身来到了得克萨斯州。他果断投资，买下了自己的第一家小旅馆——梅比莱旅馆。

他苦心经营，旅馆的资产很快达到了5100万美元。他欣喜而自豪地将这个成绩告诉了母亲。

母亲听完后，淡然地说：“照我看，你跟从前没什么太大的区别。要想成大事，必须把握住比5100万美元更值钱的东西。”

希尔顿茫然地问：“那更值钱的东西究竟是什么？”

“除了对顾客诚实以外，还要想方设法让每一个住进你旅馆的人走后有机会还想再来住。你要想出一种简单、容易、不花本钱而可以长久有效地吸引顾客的办法，这样你的旅馆才有前途。”母亲的回答很简单，却让希尔顿冥思苦想。

希尔顿终于想出来了：“这就是微笑。只有微笑才是一种简单、容易、不花本钱而可以长久有效吸引顾客的办法，只有微笑才能发挥如此大的影响力。”

接着，希尔顿上班后的第一项工作，便是把手下的所有雇员找来，向他们传达自己的经营理念：“微笑，请记住！我今后检查你们工作的最主要的标准是，你今天对客人微笑了吗？”

同时，他又对旅馆进行了一番装修改造，提高了接待能力。“你今天对客人微笑了吗”，梅比莱旅馆的座右铭日益深入人心。

“一流设施，一流微笑”，使希尔顿的创业之路越走越宽。他萌发了新的想法：建造拥有一流设施的以自己名字命名的大饭店——希尔顿饭店。1925年8月4日，达拉斯希尔顿饭店竣工；1929年，埃尔帕索希尔顿饭店又竣工。

不久，美国历史上规模较大的一次经济危机爆发了。很快，美国全国的旅馆有80%倒闭，希尔顿的旅馆也深陷困境。

不少希尔顿人对前途感到迷茫：“如何才能战胜危机、渡过难关？微笑还管用吗？”

希尔顿信心坚定地奔赴各地，鼓舞员工振作精神，共渡难关，即使是借债度日，也要坚持以“一流微笑”来服务旅客、赢得旅客。他不厌其烦地向员工呼吁：无论面对何种困难，万万不可把心中的愁云摆在脸上。希尔顿服务员脸上的微笑永远属于旅客！

“你今天对客人微笑了吗？”这是希尔顿的座右铭，也是每一个希尔顿人的座右铭。希尔顿人始终以一流的微笑，感动着四面八方的宾客，顺利地渡过了1933年的难关，并逐渐进入了发展的黄金时期。他又相继买下了埃尔帕索的北山旅馆和朗浮城的葛莱格旅馆，并添置了许多一流设施。

希尔顿巡视旅馆时问员工："你们认为还需要添置什么？"

员工们回答不出来，显然是觉得条件已经很好了。

他笑了，说："还需要有一流的微笑！如果是我，单有一流设施，没有一流微笑，我宁愿弃之而去住那虽然地毯陈旧些，却处处可以享受到微笑的旅馆。"

"一流设施，一流微笑。"正是这个经营策略，成功地推动着希尔顿旅馆国际化、现代化的发展进程。

1946年5月，希尔顿成立了他的希尔顿旅馆公司。翌年，该公司在纽约证券交易所上市。这是有史以来首只正式上市的旅馆企业的股票。

1949年10月12日，希尔顿买下了纽约有"旅馆皇后"之称的华尔道夫-阿斯托利亚大饭店。这是当时世界上规模最大、最高档豪华、最宏伟壮丽的饭店，从各国的国王元首，到富豪明星，无不将其当成心目中的"麦加圣地"，向往不已。

50年代，希尔顿已不满足于仅仅在美国本土创业。他又在全世界建造自己的"旅馆帝国"。马德里、墨西哥城、蒙特利尔、柏林、罗马、伦敦、开罗、巴格达、哈瓦那、曼谷、雅典、香港、马尼拉、东京、新加坡……希尔顿饭店相继开业。

截至70年代末，希尔顿在世界大都市所拥有的饭店，已有近百家，覆盖全美50州、遍布世界五大洲。

80多岁的老希尔顿，已经拥有数十亿美元资产，成为世界"旅馆帝王"，但仍然坚持坐着飞机，在"希尔顿帝国"里一处一处地巡视。每到一处，他的口头禅便是："你今天对客人微笑了吗？"这是他近60年经营生涯中神圣不变的理念。

他晚年著书立说，总结经验教训。他写的《宾至如归》一书，多年来被希尔顿人视为"圣经"，而书中的核心内容就是："一流设施，一流微笑。"

1979年，92岁的康拉德·希尔顿离开了人世，但留下了遍布世界的物质与精神财富——具有“一流设施，一流微笑”的希尔顿饭店。

希尔顿辉煌的一生，使人想到了美国作家曼狄诺说过的一句名言：“微笑可以换取黄金。”后来，这句话被管理学界誉为曼狄诺定律。

沉默有时是智慧

从科学发明的工作需要出发，爱迪生打算尽快建造一个实验室。因为手头没有足够的资金，他决定卖掉自动发报机及其技术专利。由于他对市场行情不甚了解，不知道究竟开价多少合适，加上有资格出卖技术专利的人毕竟寥寥无几，便只好和妻子米娜商量。

其实，米娜也和丈夫一样心中无数，不知道这项发明究竟值多少钱。她想到出卖专利的目的是建造实验室，就拿出了最大的勇气说：“就要2万美元吧。你掂量掂量，建造一个实验室的花销，大概不会少于2万美元吧。”

妻子开出的价码，远远超出爱迪生的想象。他展颜一笑说：“2万美元，太多了吧？”

米娜见丈夫有些异议，觉得有必要打消他的顾虑，就讲了下面这个不久前才听说的故事：

新泽西州一家印刷厂要处理一部旧印刷机，老板的最高期望值是卖到25万美元。恰巧另一家公司有意购买这部机器。在双方谈判的关键时刻，卖方老板的要价已经到了嘴边，又机灵地收了回去。他想：“别着急，不如先探探对方的口风。”

就在双方僵持的时刻，买方打破了沉闷的气氛，说这部机器有些陈旧，并指出它的毛病所在。买方见卖方没有辩解，便主动亮出底牌说：“我们公司只能出35万美元买下这部机器，多1分钱也不行！”就这样，卖方的老板在关键时刻管住了自己的嘴，靠沉默多赚了10万美元。

米娜讲完后，鼓励地说："我看能行。要不然，到时候探探买方的口风，让他先开个价再作定夺。"

很快，一位消息灵通的商人听说大发明家爱迪生有意出售自动发报机，并转让这项发明的制造技术专利。他认定这笔生意有利可图，就主动找上门来洽谈。

听完爱迪生的介绍，商人顺其自然地问到价钱。由于爱迪生仍觉得事先和妻子商定的2万元要价太高，竟不好意思说出口，只好沉默不语。

那位商人几次追问，爱迪生都没有吭声，只是期盼着妻子快些下班回来，好让她代替自己做出答复。没想到，没等到米娜露面，那位商人已经按捺不住自己的迫切心情，急不可待地摊牌说："那我就先开个价吧，10万美元你看怎么样？"

这个价码是自己最高要价的5倍！爱迪生大喜过望，极力掩饰着内心的兴奋，当即和那位商人拍板成交。

事后，颇有感触的爱迪生对米娜说："没想到，只沉默了一会儿，就多赚了8万美元。"

米娜兴奋地说："沉默是一种伟大的谈话艺术。知道什么时候该说话，什么时候该沉默，是一件大事。虽然沉默不等于智慧，但是当说话是愚蠢的时候，沉默就是智慧。"

最新鲜的面包

凯瑟琳·克拉克被称为美国的"面包大王"。她从开办面包公司的那天起就反复强调，自己生产和销售的面包要成为"最新鲜的面包"。为此她规定：面包存放超过3天，就必须回收。为达到要求，凯瑟琳想出了一个办法：按地区排了一个循环表，每3天送货一次，顺便将过期的面包拉回来。当然，如果哪家商店提前售完，可以通过电话联系，以保证及时供应。

在这样运作的初期，尽管面包的销售势头不错，但并没有比其他商家多卖多少。有些工作人员很不理解，认为面包过了3天也不是不能吃了，这简直是在自找麻烦！这种做法得不偿失，有点儿过分了！

那一年的秋天，一场特大洪水导致了面包紧缺。公司的外勤人员没有得到新的指令，还是像往常那样用汽车运送新鲜面包和收回过期的面包。汽车载着从偏远商店里收回的面包，停在人口稠密区的商店，立刻被人群包围住，人们提出要买车上的面包。

运货员解释说：过期的面包按规定是不能卖的，我们绝不能为了眼前的利益，而败坏了长久的信誉。

无论怎样解释，人们就是不相信，误以为他们是想运到其他更紧缺的地方卖高价。人们纷纷表示，他们也情愿出高价买面包。

要买面包的人越来越多，把汽车团团围住。警察到场维持秩序，几个记者也闻风而至。

运货员说："女士们，先生们，我们公司的规定特别严格，没有老板的指示，我们是不能自作主张把过期的面包卖给你们的，那样我们会被炒鱿鱼的！请多多原谅，请让开路，放我们走吧！"不管运货员怎么苦口婆心地劝说，就是毫无效果。

维持秩序的警长只好对运货员说："小伙子，这不是你们要卖，而是他们要'强买'，这并不关你们的事。"

被逼无奈，运货员只好以低于新鲜面包的价格将面包销售了。几个记者很感兴趣，各自从不同的角度挖掘过期面包很快被"强买"一空的新闻，在报纸上大肆渲染一番，以至轰动了整个美国。

从此，凯瑟琳公司的“最新鲜面包”日益深入人心，树起了善待公众的良好形象。其销售量与日俱增，小作坊发展成了现代化的大企业，年营业额由2万美元直线上升到400万美元。

后来，美国商学院将此事作为教学案例编入了教材，并加上了这样的点评：

“顾客的满意，就是最佳的广告语；满意的顾客，就是最佳的推销员。谁把顾客放在第一位，谁的利润就能处于第一位。”

用信誉铺成的路越走越宽阔；用信任织成的网，越用越结实。谁能赢得多少信誉，谁就能获得多少利益。

用1枚废旧铆钉被罚1亿美元

美国一家航天公司的一名技工，把1枚废旧铆钉装配在航天飞机上。事后，有关部门检查时发现了这一错误。据此，该公司被处以1亿美元的巨额罚款，这名技工也被判了20年徒刑。

用了1枚小小的废旧铆钉竟然导致1亿美元的巨额罚款，还外加20年徒刑，这是否太吹毛求疵、小题大做了呢？还是先看看下面的惨痛悲剧：

1986年1月28日，美国的“挑战者”号航天飞机从卡纳维拉尔角航天基地发射升空73秒后起火爆炸。“挑战者”像因疼痛而缩作一团的病人，在空中狂乱起舞。紧接着，数百个燃烧碎片拖着白烟落入太平洋。机组人员全部丧生！当时，观看电视直播的观众，都被佛罗里达上空那一团突然出现的火球惊呆了。

在发射“挑战者”之前，两名高级飞船设计工程师罗杰·博伊斯乔利和鲍勃·埃比林，曾请求美国国家航空和宇航局推迟“挑战者”号航天飞机的发射。令人非常遗憾的是，他们的建议未被采纳。

罗杰·博伊斯乔利和鲍勃·埃比林都是为航天飞机设计、制造固态燃料火箭助推器的莫顿·锡奥科尔公司的高级工程师。在“挑战者”准备升空的前一天傍晚，罗杰·博伊斯乔利和鲍勃·埃比林通过电视会议，花了足足6小时，力劝美国国家航空和宇航局的头头们推迟“挑战者”的发射，因为他们深知佛罗里达的气温已经降至0℃以下，这会对火箭助推器的性能产生重大影响！航天飞机进入轨道的动力，75%是由一种固体燃料发动机提供的。发动机各部分的接合处采用松紧带来防止热气外泄，这一任务由两条名为“O圈”的橡胶带完成，它们能伸缩以弥合缝隙。但如果天气寒冷，这些“O圈”就变得非常坚硬，伸缩速度变慢，密封的效果也就大打折扣。虽然那可能只是零点几秒的时间，但足以把一次本应成功的发射变成一场灾难。尽管罗杰·博伊斯乔利和鲍勃·埃比林一再据理力争，但莫顿·锡奥科尔公司高层为了取悦最主要的客户——美国国家航空和宇航局，最终还是向美国国家航空和宇航局提出了建议：可以发射！

其实，博伊斯乔利早在发射前6个月就对“O圈”提出质疑，而且博伊斯乔利的分析引起了美国国家航空和宇航局的注意，并把“O圈”列入需要认真检查的名单。然而，由于器材和人手短缺，检查工作并不彻底。这样，发生悲剧便无法避免了。

名为“O圈”的橡胶带，酿成了载入人类航空史册的灾难。

……

诸如此类，不胜枚举。一环断，全链断。小事是大事的根。小事可能酿成毁灭性的灾祸。人人都应当千方百计地避免可能导致毁灭性结果的无可挽回的错误；管理者和领导者更应当善于用各种手段，包括无情的手段，千方百计地遏制、消除可能导致毁灭性结果的无可挽回的错误。

用劫机创造商机

约翰是美国豪城集团的一名精明强干的推销员。他出差返回时遇到了意外，所乘坐的飞机被恐怖分子劫持了。由于燃料耗尽，飞机被迫降落在一个临时机场上。飞机上的所有人，都成了恐怖分子挟持的人质。

这一突发事件引起了社会各界人士的关注，警方全力投入到紧张的营救工作中，亲友们为他们的生命安全提心吊胆，舆论密切关注着事态的发展。

警方与恐怖分子经过两天两夜的斗智斗勇，恐怖分子或被击毙，或被生擒。警方解救了所有的人质，乘客们都可以平安回家了。

推销员约翰在得知已经获救的消息之后想：厄运往往是座深不可测的宝藏，危机中常常孕育着转机。此时此刻应当抓住这个难得的机遇，利用劫机事件的轰动效应为公司做些事情。他灵机一动，想到一个颇为满意的主意，立即请空中小姐找来了纸和笔。

约翰走出飞机时手举两张标语牌，一张写着“我是豪城集团职员，豪城集团生产平安牌香槟”；另一张写着“为庆贺平安，请用平安牌香槟干杯！”

机场里云集着敏感的媒体记者。他们见此独特的情景，不约而同地将镜头纷纷对准了约翰，有的还请他谈感想、讲体会。约翰说了一句被媒体广为宣传的话：“机遇是可以创造的。”

几乎所有看电视和报纸的人，都深深地记住了平安牌香槟，记住了用平安牌香槟来“庆贺平安”。约翰这一别出心裁、标新立异之举，使平安牌香槟一下子名扬四海，家喻户晓，深入人心。

集团总裁得知此事后，立即召开会议，做出决定：“将约翰破格提升三级，直接分管营销工作，另加奖金万元！”

居里夫人说得好：“弱者坐待良机，强者制造时机。”最能干的人，并不是那些等待机遇的人，而是发现机遇，运用机遇，创造机遇，随时随地把握机遇的人。

犹太画家考日本商人

有一个日本商人，曾多次借鉴、运用犹太商人的经商智慧，在日本获得了引人注目的巨大成功，被称为“银座的犹太人”。随着财富的膨胀，这个日本商人越来越狂妄，目中无人、不可一世，扬言自己“完全可以给犹太商人当老师了”。

有一个在日本生活多年的犹太画家，似乎并不相信这个日本商人真正具备了犹太商人的精明，便很想找机会考考他。

无巧不成书。这个日本商人听说犹太画家要考考自己，心里很不服气，跃跃欲试，主动发出邀请，请他到日本的一家饭店共进晚餐。尽管表面上是温良恭俭让地请客吃饭，彼此之间都没有说什么，但心照不宣，“共进晚餐”将是唇枪舌剑、斗智斗勇的鸿门宴。

刚刚开始“共进晚餐”，这位犹太画家发现饭店的老板娘风姿绰约，楚楚动人，突然产生了灵感，立即拿出随身携带的画本画了起来。他很快就画完了一张素描，送给老板娘做纪念。老板娘看后喜出望外，赞不绝口：“果然名不虚传，确实画得栩栩如生，又快又好。”

爱听夸奖似乎是人的本性。随后，那个犹太画家的画兴有增无减，又接着画了起来。他一边望着日本商人一边画，还不时地用翘起的左手大拇指比划比划。

这个日本商人判断："看来这个犹太画家的画兴正浓，只顾给我画像，把要考考我的事情忘到九霄云外了。"日本商人按照自己对画家手指示意的理解，屏息敛气，正襟危坐，端足了被画的姿势。

犹太画家足足画了十多分钟之后，将画本递给了日本商人。这个日本商人看后大吃一惊，画家根本不是在画自己，而是在画他的一根大拇指！

这个日本商人面露愠色，气呼呼地对画家说："你这混账家伙，为什么不早说，让我空摆了半天架子！"

犹太画家哈哈大笑："听说您被誉为'银座的犹太人'，还听说您要'给犹太商人当老师'，所以我特来考考您。结果我发现，您至少暂时还不够格，因为您太自作多情了，也太自以为是了。您怎么能因为看见我给女老板画素描，就想当然地认为我肯定是在为您画素描呢？"

这个日本商人对自己的手下败将是轻蔑的，对战胜自己的高手是佩服的。他问犹太画家："有何见教？"

犹太画家将画大拇指的那张素描送给了日本商人，并在画上写了这样的3句话：

"一个真正智慧的人，绝不会低估自己的对手，却希望对手低估自己。"

"智慧是宝石，如果用谦逊来镶嵌，就会更加灿烂夺目。"

"认识自己的缺点，是一个人智慧的最高表现。"

吃剩牛排之后

松下幸之助是日本著名的企业家，其企业经营管理的经验倍受推崇，享誉全球。也正因为如此，松下幸之助被称为日本的"经营之神"。

有一次，松下幸之助在一家很有名气的餐厅设宴招待客人。一行6个人，每个人都点了牛排。等大家用完餐之后，松下幸之助让助理去请烹调牛排的主厨过来一趟，还特别强调："不要找经理，要找主厨。"

助理注意到，松下的牛排只吃了一少半，剩下了一大半，便猜想，主厨来后的场面可能会很尴尬。

主厨知道松下幸之助的名声很大，又见到吃剩下的牛排，不禁有些紧张地问："是不是牛排做得不好，出了什么问题？"

松下幸之助和蔼可亲地说："你烹调牛排的手艺，可以说达到了炉火纯青的地步，牛排真的很好吃。我只吃了一少半，原因并不是你的厨艺不高，而是因为我毕竟是80岁的人了，胃口大不如前了。我想当面和你谈谈，是因为我有些担心，担心你看到剩了一大半的牛排被送回厨房的时候，心里会难过，会误以为牛排做得不够好。"

大家立刻都明白了松下幸之助请主厨过来的用意。可在返回的路上，助手还是向松下幸之助提出了一个问题："您与人相处的时候，为什么总是要替别人着想，总是考虑对方的感受，尽可能地尊重每一个人？"

松下幸之助简洁地回答："我们怎样对待别人，别人也会怎样地对待我们。"

不错，在任何情况下都能平等待人的人，才是道德高尚的人。